為投資人賺錢的CEO長怎樣？

THE
OUTSIDERS

William N. Thorndike, Jr.

威廉・索恩戴克——著　嚴慧珍——譯

CONTENTS

推薦序　用心於「資產配置」／雷浩斯　7
前　言　誰才是傑出的執行長？　9
導　論　跳脫框架邁向成功　25

第 1 章　專注於高勝率收購標的　37
▶▶ 湯姆‧墨菲與首都城市傳播公司

挽救差點破產的電視台
不再搭乘頭等艙

> 打造高績效，非典型執行長做對什麼？

▍召募最好的人才，權責下放，就是最好的成本
▍極度分權帶來利潤，也帶來堅定的信念

第 2 章　做好準備隨時調整策略　67
▶▶ 亨利‧辛格頓與泰勒達因集團

數學家、科學家，也是有紀律的收購買家
創造最大的現金流量
我們的股票太便宜了
異常集中的投資組合

打造高績效,非典型執行長做對什麼?
▎不做細部規劃,保留彈性
▎大規模收購庫藏股

第 3 章　現金是最強大的武器　93
▶▶ 比爾・安德斯與通用動力公司

太空人出身的執行長
把庫存與資產換成現金
把收益退還給股東,以求稅務效率

打造高績效,非典型執行長做對什麼?
▎薪資跟著績效走
▎實行帶有機會主義色彩的策略
▎和同業相反的策略

第 4 章　擁抱規模優勢　121
▶▶ 約翰・馬龍與 TCI

寧願付利息,也不要繳稅
棄「每股盈餘」如敝屣
訂戶多多益善
把買家口袋裡的每一分錢搖出來

┃打造高績效，非典型執行長做對什麼？
┃制訂最佳稅務策略
┃資本配置選項最佳化
┃投資合資企業
┃創造員工忠誠度
┃充分考量變數

第5章　低調收購，精準用人　153
▶▶ 凱薩琳・葛蘭姆與華盛頓郵報公司

對幹尼克森與逼退罷工者
節制但準確的收購

┃打造高績效，非典型執行長做對什麼？
┃高度效率的資金運用
┃11％現金報酬率的篩選標準
┃人事是獲利的成長引擎

第6章　公開槓桿收購　177
▶▶ 比爾・史帝萊茲與普瑞納公司

理智先生的改革思維
汰弱留強

┃打造高績效，非典型執行長做對什麼？
┃計算勝率的資本配置
┃在公開市場擇機實施庫藏股
┃領導力就是分析力

第 7 章　做堅守祖先封地的領主　201
▶▶ 迪克・史密斯與大眾戲院

從本業發現商機
為鞏固主業，跨足零售
完美退場

打造高績效，非典型執行長做對什麼？
▎合議式決策
▎把現金盈餘視為關鍵指標
▎從其他買家卻步的標的中尋找收購機會

第 8 章　資本飛輪推動事業　225
▶▶ 華倫・巴菲特與波克夏

葛拉罕的得意門生
投資風格轉變
從 1 美元到 1 萬美元

打造高績效，非典型執行長做對什麼？
▎3％成本產出資金，投資 13％報酬的標的
▎資本部署集權，但營運分散
▎做投資組合的管理
▎收購私有公司
▎自由放任的管理風格
▎長期關係的強大力量

第 9 章　**極度的理性**　259
一定要算清楚
分母很重要
勇猛果敢且獨立自主
魅力被過度高估
鱷魚般的性格，願意耐心等待……
並在機會出現時，展開果敢的行動
持續運用合理的分析方法制定大小決策
一個預測
遠見卓識
在既定的環境下，繳出最好成績
公司資源的最佳化管理

結　語　老狗的老把戲　277
後　記　經營的範例與檢查表　281
附　錄　巴菲特測試　289

注　釋　291

推薦序
用心於「資產配置」

價值投資者／財經作家 雷浩斯

執行長有兩個任務：用本業創造自由現金流量，以及分配賺到的自由現金流量，分配就是資本配置。

本書提到的執行長是屬於專注在『資本配置』的類型，他們不在乎大眾和外在的觀點，而是以務實的角度，有效率的替股東創造財富最大化。

以『資本配置最佳化』為原則的公司，在分配資金時，基本上有五大方向：

1. 當本業具備成長性時，投資本業。
2. 當本業不具備成長性時，投資其他產業
3. 當滿足前兩項的時候，有負債就償還債務。
4. 當公司本身股價低於內在價值的時候，實施庫藏股。
5. 滿足前四項後，發放現金股息。

巴菲特所職掌的波克夏就是如此，在 2020 年到 2021 年之間，因為新冠疫情和低利率、量化寬鬆要素帶動科技股狂飆時，波克夏反倒股價低迷，他便趁低檔實施庫藏股。當 2022 年氣氛反轉，科技股開始下修本益比之後，波克夏股價因此提升。

　　資本配置的五大方向，再運用時必須考慮景氣循環，且必須獨立思考，不受市場熱烈的氣氛影響，因此這些執行長的個性異常理性，冷靜，喜歡數字，具備耐心，同時不在乎他人對自己的評價，只在乎股東對他的評價。

　　他們既像潛伏的鱷魚，也像隱匿足跡的猛虎，又或者不鳴則已，一鳴驚人。如果你也是一個資本配置者，你對這本書內描述的非典型經營者一定會有共鳴，而他們提供的生活方式，正是適合你的生活方式。

前言
誰才是傑出的執行長？

> 對於真正優秀的執行長，給予再多報酬都不為過……只不過，這類的人才實在是鳳毛麟角。——巴菲特
>
> 你過去的記錄說明了你是一個怎樣的人。——比爾·帕索斯（Bill Parcells）
>
> 成功有跡可循。——約翰·坦伯頓（John Templeton）

誰是美國過去五十年來最傑出的執行長？

大多數的人很可能都會回答說：「傑克·威爾許（Jack Welch），」而我們也不難理解大家為什麼會這麼回答。威爾許在1981年至2001年共二十年間，管理了美國極具代表性的奇異公司（General Electric）。奇異公司的股東在威爾許任職期間獲利極佳，年化報酬率達20.9％。如果你在威爾許成為執行長時投資1美元購買奇異公司的股票，等到他交棒給繼任者傑夫·伊梅爾特

（Jeff Immelt）時，這 1 美元的價值已爆增至 48 美元了。

威爾許是主動積極的執行長，也是老成幹練的公司代表。他是出了名的愛出差，時常為了視察公司廣布的業務而四處奔波，總是不厭其煩地給旗下經理人打分數，讓他們在不同的事業單位之間調來調去，還曾提出不少名稱奇特並落實於全公司的策略計畫，例如「六標準差」（Six Sigma）和全面品質管理（TQM）。威爾許的個性活躍好辯，喜歡與華爾街和商業媒體打交道。成為鎂光燈焦點對他而言是家常便飯，在任職於奇異公司期間，他經常出現在《財星》（Fortune）雜誌的封面上。即便他退休之後，偶爾針對各種商業議題發表頗具爭議性的評論（包括對其繼任者的表現發表評論），還是讓他登上了媒體頭條。他也寫了兩本管理建議的書，並且依照他一貫的作風，取了頗具爭議性的書名，例如《Jack：20 世紀最佳經理人，最重要的發言》（*Jack: Straight from the Gut*）。

聲名顯赫與獲利極佳的威爾許，成了現代執行長績效的實質黃金準則，其所代表的是強調積極監督營運、定期與華爾街溝通和關注股價的管理方法。不過，他是過去五十年最傑出的執行長嗎？

絕對不是。

想要了解為什麼,就得先提出能夠更準確衡量執行長能力的新方法。執行長和專業運動員一樣,在高度量化的賽場上競爭,但卻沒有單一、可被接受的指標能衡量其績效,不像棒球投手有防禦率、外科醫師有併發症發生率、曲棍球守門員有單場平均失分,可做為衡量績效的依據。

商業媒體不會嘗試以任何嚴謹的方式,找出表現最佳的執行長;他們大概只會聚焦於《財星》百大企業這些最知名的大公司,這說明了這些公司的執行長為何經常出現在頂尖商業雜誌的封面。媒體常會把焦點放在營收和獲利的成長;然而,可測出執行長傑出績效的,還有一項是公司每股價值的增加,而非只是銷售額、盈利或員工數的成長。

此外,評估績效時,重要的不是絕對的報酬率,而是相對於同業和市場的報酬率。

評估執行長的能力需要知道三件事,這三件事分別是:(1)股東在其任職期間的年化報酬率,以及(2)同業及(3)整個市場(通常以標普 500 指數衡量)在同一期間的報酬率。

時空背景也非常重要——開始和結束的時間點可能具有重大的影響力,而威爾許的任期幾乎和當時令人印象深刻的多頭走勢(始於 1982 年晚期,並幾乎不間斷地一路持續到 2000 年早期)

完全吻合。在此值得關注的期間，標普500指數的平均年報酬率為14％，大約是其長期平均值的兩倍。在此時空背景下呈現20％的報酬率是一回事，在出現幾個嚴重衰退的空頭走勢下呈現20％的報酬率，則又是另外一回事。

舉一個與棒球相關的例子，或許有助於說明此點。在濫用類固醇的1990年代中期至末期，單季29支全壘打是相當平庸的進攻數據（領先群倫者能夠穩定擊出60支以上的全壘打）；然而，當貝比·魯斯（Babe Ruth）在1919年辦到時，他不僅打破了1884年創下的記錄，還引領了現代崇尚力量的賽事風潮，使棒球比賽徹底改變。這個例子再次說明了時空背景的重要性。

某位執行長相對於同業的績效，是用以評估其績效記錄的另一要素，而分析此績效的最佳方法，就是拿這人和許多同業相比。就像複式橋牌遊戲一樣，在同一產業內競爭的公司通常會拿到差不多的牌，因此，這些公司的長期差異與其說是外力所造成，不如說是管理能力所造成。

我們來看看一個來自採礦業的例子。2011年的金價飆破每盎司1,900美元的高點，而2000年的金價則衰退至每盎司400美元，所以我們不可能拿某金礦公司執行長2011年的績效，與某位執行長2000年的管理績效相比。金礦產業的執行長無法控制

金價，只能竭盡心力，打好市場發給他們的牌。此外，分析某執行長的績效時，最有用的方法是以此人與其他處於相同管理條件的執行長相比。

當一位執行長的報酬率大幅優於同業和市場時，享有「傑出」的美譽著實當之無愧，而就此定義而論，任期內績效超越標普 500 指數 3.3 倍的威爾許，確實是一位傑出的執行長。

不過，若是和亨利・辛格頓（Henry Singleton）相比，他還差了一段距離。

獅身人面像

亨利・辛格頓是一位傑出的人才。就執行長來說，他的背景相當特殊，只有少數的投資人和行家認識他。他是世界級的數學家，喜歡玩盲棋，曾在攻讀電機工程博士期間，為麻省理工學院的第一部電腦編寫程式。他在二次大戰期間，研發了「消磁」技術，讓同盟國軍艦得以避開雷達偵測，並在 1950 年代，發明了慣性導引系統，此系統目前仍應用於大多數的軍用機與商用機。在其後 1960 年初，他成立泰勒達因（Teledyne）集團，成為史上傑出的執行長之一。

泰勒達因集團的股票在1960年代紅極一時。當時有許多企業集團公開上市；不過，辛格頓經營的是一間非常特殊的企業集團。早在泰勒達因集團受到矚目之前，他便積極買回庫藏股，前前後後買回的庫藏股高達泰勒達因總股數的90%。此外，他避免發放股利，強調現金流量甚於財報獲利。其組織以分權管理聞名，而且從未分割股票——分割的股票可是1970和1980年代，紐約證交所最高價的商品。他不願意和分析師或記者打交道，也從未出現在《財星》雜誌的封面上，是媒體眼中「獅身人面像」般的謎樣人物。

辛格頓勇於走自己的路，而他的獨特作風不僅在華爾街與商業媒體引發許多的評論，也令人感到錯愕；不過，事實證明，他這種忽視質疑的做法是對的。他同業中較有名的執行長，大都表現平庸，年均報酬率僅11%，只稍高同時期標普500指數。

而在辛格頓近三十年的經營之下，泰勒達因股東的年化報酬率則高達20.4%。如果你在1963年投資1美元買辛格頓公司的股票，到了市場行情嚴重衰退的1990年，也就是他卸任董事長職務之時，這1美元的價值已增加至180美元了。如果用這1美元投資其他企業集團的股票，最後的價值只有27美元，投資標普500指數，最後則只值15美元，而辛格頓的績效則是超越此

指數逾 12 倍，表現十分亮眼。

以我們對成功的定義來審視，辛格頓的績效要比傑克・威爾許來得出色，光是數字的表現即可證明：辛格頓的每股收益高於市場和同業，保持高收益的期間也比較久（前後維持了二十八年，而威爾許則是二十年），而且這些績效是在出現幾個明顯衰退走勢的市場環境中達成的。

辛格頓的成功並不是因為泰勒達因擁有什麼快速成長的獨特事業，而是因為他精通資本配置這個關鍵而深奧的領域。所謂的「資本配置」，就是部署公司資源，以賺取最佳收益的決策過程。我們不妨花一些時間，來解釋一下什麼是資本配置、為什麼資本配置非常重要，以及為何真正精通此道的執行長是寥寥可數。

資本配置的重要性

執行長若要成功，就必須做好兩件事，這兩件事分別是：有效地經營管理公司，以及部署營運部門賺得的現金。大多數的執行長（以及他們所寫或閱讀的管理書籍）都著重在管理營運，而辛格頓則把大部分的注意力放在後者。

執行長有五種部署資金的基本選擇，這五種選擇分別是：（1）投資於目前的營運、（2）收購其他事業、（3）發放股利、（4）償還債務、（5）買回庫藏股；也有三種籌募資金的選擇，這三種選擇分別是：（1）開發內部的現金流量、（2）發行債券、（3）籌募股本。這些選項就像是一套工具。長期下來，公司的收益主要將取決於執行長選擇使用（和避開）這些工具的決策。簡言之，兩家營運成果完全相同但採用不同資本配置方法的公司，將會出現兩種截然不同的長期結果。

資本配置的本質就是投資，因此，所有的執行長既是資本配置者，也是投資者。事實上，此任務可說是所有的執行長最重要的職責；然而，儘管此任務如此重要，頂尖商學院卻未開設資本配置的相關課程。如同巴菲特的觀察，為此關鍵任務做好準備的執行長寥寥可數：

許多公司的負責人不擅長資本配置，這並不令人訝異。很多老闆之所以爬到這麼高的位置，是因為他們擅長某個領域，例如行銷、生產、工程、行政或是公司政治，但在成為執行長之後，他們則須制定資本配置決策，而此關鍵任務他們之前可能從未接觸過，而且不易精通。打個誇張一點的比方，這就好比是才華洋

溢的音樂家最終的一步不是登上卡內基音樂廳演奏，而是成為聯準會主席。[1]

缺乏此方面的經驗會對投資報酬率造成直接且重大的影響。巴菲特強調了此技能落差的潛在影響，並且指出：「年度盈餘保持在淨值10%的公司，如果是由一位執行長管理十年，那麼其所負責部署的資金，將會超過此企業所有運用資金的60％。」[2]

辛格頓是資本配置高手，他的資本配置決策與同業很不一樣，已為公司的長期報酬帶來重大的正面影響。辛格頓是把泰勒達因集團的資本，投入審慎挑選的收購與一連串大量的庫藏股買回。他對發行新股相當節制，經常利用債券籌資，而且直到1980年代晚期之前，都未發放股利；反之，其他企業集團追求的則是恰好相反的配置策略，這些策略包括積極發行新股，以及收購其他公司、發放股利、避免買回庫藏股，而且較少利用債券籌資。簡言之，其他企業選擇了不同套的工具，而產出了迥異的結果。

廣義而言，資本配置就是資源配置，包括了人力資源的部署。若以此角度來思考，你會再次發現，辛格頓採用的方法與同業相去甚遠。具體而言，他信仰的是極端的組織分權，總部的人力極度精簡，營運責任與權利由各事業體的總經理集中掌控。這

與同業的做法不同。他的同業通常花費許多心思部署總部的人員,整個總部都是副總與 MBA。

事實證明,過去五十年最優秀(而且真正傑出)的執行長都擁有資本配置的長才,而且,其所採用的方法與辛格頓的方法,存在著不可思議的相似之處。

辛格頓之村的居民

華倫‧巴菲特在1988年寫的一篇文章中提到了一些投資者,這些投資者擁有傲人的投資績效,並奉行哥倫比亞大學著名商學院教授班傑明‧葛拉罕(Benjamin Graham)和大衛‧陶德(David Dodd)的價值投資原則。葛拉罕和陶德的投資策略有別於傳統思維,主張買入交易價格明顯低於其淨資產保守評估價值的公司。

為了說明優異的投資報酬與葛拉罕和陶德的原則之間存在強大的相關性,巴菲特打了一個全國擲幣大賽的比方。在此比賽中,兩億兩千五百萬個美國人每天押一塊錢賭擲幣。每天都有失敗者退出,而之前贏得的賭金都會再次投注到隔天的擲幣比賽中,所以賭注的金額持續增加。二十天過後,參賽者剩下兩百一

十五人,每位都贏得了100多萬美元。巴菲特指出,這純粹是偶然的結果,換成是兩億兩千五百萬隻猩猩,也會獲得相同的結果。接著,他提出了一個有趣的點子:

> 不過,如果你發現,牠們之中,有40％是來自奧馬哈(注:巴菲特的公司波克夏‧海瑟威所在地,同時也是價值投資人的聖地)的某個動物園,你就會很確定自己掌握了重要的線索……科學探究很自然地遵循了此種模式。如果你嘗試去分析造成某種罕見癌症的可能原因,而你發現有四百個案例是出現在蒙大拿的某個採礦小鎮,你就會對那裡的水、這些患者的職業或其他的因素很感興趣。我想你一定會發現,在投資的世界,有許多成功的擲幣者是來自一個智者薈萃的小村莊,我們可以把這個小村莊稱為「葛拉罕與陶德之村」。[3]

如果正如歷史學家勞羅‧伍爾里希(Laurel Ulrich)說言,循規蹈矩的女人很少創造歷史,那麼我們或許可以說,遵循傳統的執行長很少打敗市場和同業。在投資的世界,擁有優異管理才幹的擲幣者寥寥可數,而如果把這些人列舉出來,你會發現他們都是敢於打破現狀的人。

這幾位管理高手,也就是本書特別探討的這幾位佼佼者,有

些是在成長的市場經營企業，有些則是在衰退的市場經營企業。他們來自全然不同的產業，包括製造、媒體、國防、消費商品和金融服務。他們各自的公司在規模與成熟度方面差異甚大。其中沒有一家採行熱門且容易複製的零售概念，也沒有一家擁有優於同業的智慧財產優勢；不過，他們的表現卻大幅超越了同業。

和辛格頓一樣，他們在事業上都研發出自己獨特的法則，引起同業與商業媒體發出質疑。更有趣的是，他們雖然是獨自研發這些原則，不過事實證明，他們都是以近乎相同的方式在建立自己的法則。換言之，他們的經營管理風格似乎存在著一個特定的模式，而此模式就是一份成功的藍圖，與優異的收益高度相關。

他們似乎是在一個平行的領域營運，此領域的特色是奉行一套共通的原則（世界觀），此原則使他們成為了這個智者薈萃的小村莊的村民。我們不妨稱它為「辛格頓之村」，這是一個由少數菁英組成的團體，裡面有男有女，他們了解到以下幾點：

- 資本配置是執行長最重要的工作。
- 長期而言，重要的是每股價值的增加，而非整體的成長或規模。
- 分權的組織釋放了創業家的能量，也降低了成本與

「敵意」。
- 獨立思考是長期成功的必備要素,與外界(華爾街、媒體等)互動則可能分散注意力、浪費時間。
- 有時候,最好的投資機會就是自己的股票。
- 收購需要耐心,也需要膽識。

有趣的是,他們公司所在的地理位置在許多情況下進一步強化了他們特別的行事作風。他們的公司大多分佈在丹佛、奧馬哈、洛杉磯、亞歷山卓、華盛頓與聖路易,與波士頓至紐約一帶的金融中心相距甚遠,有助於隔絕華爾街輿論的干擾。(即便是辦公室位於東北部的那兩位執行長,也都偏好不顯眼的辦公地點──一位辦公室位於郊區某購物中心的後方,另一位辦公室則位於曼哈頓中城某棟住宅改建的建築內,與華爾街相隔了六十個街區。)

辛格頓之村的居民,也就是這些特異的執行長,都擁有一項有趣的人格特質:他們通常都是出了名的節儉,而且為人謙和、善於分析、作風低調。他們都很顧家,經常為了出席學校的活動而提早離開辦公室。他們不眷戀光鮮亮麗的執行長光環,不去商會發表演講,不出席位於瑞士達沃斯的世界經濟論壇,很少出現

在商業刊物封面，也不寫管理建議的書。他們不是啦啦隊長、行銷大師、應酬高手，也沒有特殊的魅力。

辛格頓之村的執行長相較蘋果的賈伯斯（Steve Jobs）、沃爾瑪的山姆‧沃爾頓（Sam Walton）、西南航空的賀伯‧凱勒赫（Herb Kelleher）或臉書的祖克柏（Mark Zuckerberg）很不一樣。上述天才是企業界的牛頓，被強而有力的巨大想法砸中腦袋，瘋狂地專注於並堅決地實踐這些想法；不過，他們的處境和情況與大多數的經營者相差甚大，而且，他們從職涯中獲得的啟發也幾乎無法套用在這些經營者身上。

本書探討的這些執行長沒有沃爾頓和凱勒赫的領導魅力，也沒有賈伯斯的行銷天才、祖克柏的技術天賦。事實上，他們的情況和一般的美國公司老闆非常相似，只不過，他們的收益很不一般。如圖 P-1 與 P-2 所示，平均而言，他們超越標普 500 指數逾 20 倍，超越同業逾 7 倍──而我們會把本書探討的焦點放在這些成果如何達成。我們將會依照水門事件祕密線人深喉嚨的建議，「追蹤那筆錢」，仔細觀察這些執行長做了哪些關鍵決策，為公司創造最大的報酬，以及這些決策帶給現今經理人與企業家什麼啟示。

圖 P-1　標普 500 指數的總報酬倍數

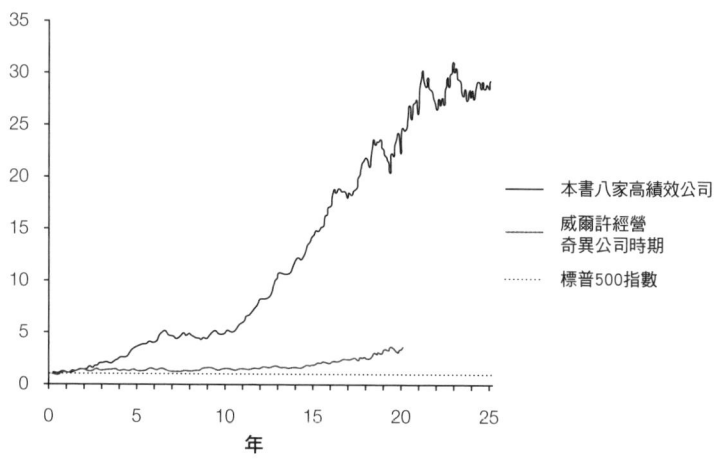

本書八家高績效公司
威爾許經營奇異公司時期
標普500指數

圖 P-2　同業的總報酬倍數

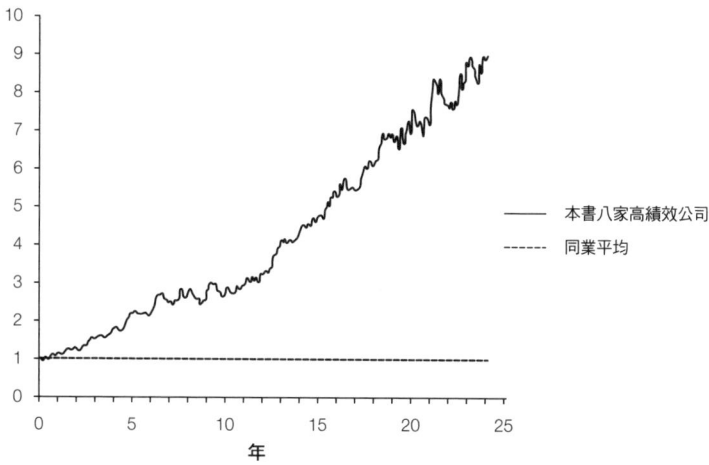

本書八家高績效公司
同業平均

前言│誰才是傑出的執行長？

導論
跳脫框架邁向成功

> 除非你做點不一樣的事，否則絕不可能創造優異的績效。
> ——約翰・坦伯頓

《紐約客》的主筆阿圖・葛文德（Atul Gawande）使用了「正向的超越者」這個詞來形容在醫藥領域表現優異的人。葛文德認為，我們應該要研究這些突破傳統的人，向他學習，以提升表現。[1]

然而，令人略感不解的是，企業界對頂尖人才的研究，竟不如醫藥、法律、政治、運動等其他領域來得深入。研究了亨利・辛格頓之後，我在一群哈佛資優MBA的協助下，開始尋找打敗同業和傑克・威爾許的其他個案（以相對的市場績效而論）。結果發現，如同前言中引述自巴菲特的看法，這些公司（和執行長）就像是母雞的牙齒一樣稀少。在哈佛商學院貝克圖書館的資料庫經過一番搜尋後，我們只發現其他七個符合這兩項標準的例子。

有趣的是，這些公司大致和泰勒達因一樣默默無聞，而其執行長儘管在績效方面遠優於許多目前常在媒體上曝光的執行長，也一樣不出名。

正向超越者

媒體把成功的當代執行長（以威爾許為模範）描繪成有魅力、行動導向的領導者。他們在氣派的辦公大樓辦公，身邊圍繞一群勤奮的 MBA，出差有專機接送，花許多時間巡視部門，與華爾街的分析師會面，而且出席許多會議。「搖滾巨星」這幾個字經常用來形容這些閒不下來的老闆，他們往往在備受關注的搜尋後應聘擔任目前的職務，而且通常是知名公司的高階主管出身。

自從雷曼兄弟在 2008 年 9 月倒閉後，這群高調的執行長便成為眾矢之的。他們被冠上貪婪、冷酷的惡名，因為他們會搭專機到處出差、動不動就裁員，他們洽談的大筆買賣也往往減損了股東權益。簡言之，在一般人眼中，他們和《誰是接班人》（The Apprentice）的唐納‧川普（Donald Trump）十分相像。在這部真人實境電視秀中，川普毫不掩飾地展現自己的貪婪、傲慢與自

大，與富蘭克林的教誨完全是大相徑庭（注：川普曾就讀於富蘭克林創辦的賓州大學）。

然而，辛格頓之村居民的清新特質破除了此刻板印象。他們全都是第一次擔任執行長，大多數幾無管理經驗。在接任執行長之前，沒有人擔任過備受矚目的職務，而且除了其中一位以外，其他人都是初次進入其產業及剛進入其公司，便接任執行長的職務。其中只有兩位擁有 MBA 學位。他們是不吸引媒體注意的一群人，總是默默努力，一般只有少數眼光獨到的投資人與愛好者才懂得欣賞。

他們都擁有舊時代的價值觀，包括節儉、謙遜、獨立，作風保守，卻不乏膽識。他們通常都是在樸實無華的辦公室辦公（而且對此非常自豪），避免不必要的額外補貼（譬如公司專機），盡量避免成為鎂光燈的焦點，很少和華爾街或商業媒體打交道。他們也盡量避開銀行家和其他顧問，只聽從他們自己和少數自己人的建議。富蘭克林如果還在世，一定會很喜歡他們。

他們是一群人生完滿的中年男性（其中還包括一位女性），過著看似平淡的生活，在工作與生活間追求平衡，並且默默地行善；不過，在職場上，他們既不遵循傳統，也不滿足於現狀。他們是正向的超越者，也絕對是所謂的「破除成規者」（iconoclast）。

魔球經營學

iconoclast 這個字源自希臘文，意思是「偶像摧毀者」，後來引申為堅決獨樹一幟且引以為傲的離經叛道者。最初的破除成規者是不認同社會（和神殿）的人；他們是社會規範與慣例的挑戰者，在古希臘時代令人望而生畏。但本書探討的這些執行長則沒有那麼令人畏懼，不過，他們和最初的偶像摧毀者的確存在些許有趣的相似點：他們也是打破窠臼的人，鄙棄行之有年的慣例（例如發放股利、避免買回庫藏股），而且很享受自己的特立獨行。

這些執行長和辛格頓一樣，持續制定與同業不同的決策。不過，他們並非盲目的反向操作者；他們展現的是明智的破除成規作風，以縝密的分析為依據，而且往往呈現在迥異於同業或華爾街慣例的財務指標上。

若是就此方面而論，他們的作風與麥可‧路易士（Michael Lewis）在《魔球》（*Moneyball*）中描述的比利‧比恩（Billy Beane）很相似。比恩是奧克蘭運動家隊的總經理。儘管球隊長期欠缺資金，他還是透過統計分析取得競爭優勢，打敗了經費充裕的敵隊。他注重上壘率和長打率這些與團隊勝率比較高度相關

的新指標,而非傳統數據「三巨頭」──全壘打、打擊率和打點。

比恩的分析洞見影響了他在經營球隊的各個面向,包括選秀策略、交易策略,以及是否盜壘,或是在比賽中採用犧牲打戰術(這兩者他都不採用)。他使用的這些方法與傳統的做法差別甚大,但是卻非常成功,而他的球隊儘管在薪資上排名為全聯盟倒數第二,但在他任職的前六年,卻四度成功地闖入季後賽。

和比恩一樣,辛格頓和其他七位執行長在經營上都研發出有別於同業的獨特方法,讓同業與商業媒體議論紛紛。而且,他們的成果也和比恩一樣出色,全都超越了名聲響亮的威爾許和他們的同業。

狐狸般的特質

他們來自全然不同的背景:一位是曾經繞行月球的太空人、一位是沒有業務經驗的寡婦、一位是繼承家業的企業家第二代、兩位是擅長量化的博士、一位是沒有公司經營經驗的投資者;不過,他們都是第一次擔任執行長,而且擁有幾項重要的共同特質,包括新穎的觀點,以及對於理性的執著。

以賽亞・伯林(Isaiah Berlin)在一篇探討列夫・托爾斯泰的

著名論文中，提出了狐狸和刺蝟這個具有啟發性的對比。狐狸指的是博學多聞的人，刺蝟指的是只精通一件事的人。大部分的執行長都是刺蝟，他們在某個產業歷練，等到他們爬到最高的職位時，已對此職務瞭若指掌。刺蝟具備了許多正向的特質，包括專業技能、專業領域的知識和專注力。

不過，狐狸也擁有許多吸引人的特質，包括跨領域的連結能力與創新能力，而本書探討的執行長肯定是狐狸。他們熟悉其他公司和產業，還有學科，跨領域的能力賦予他們新穎的觀點，幫助他們研發新的方法，而這些新方法最終帶來了優異的成果。

投資人思維

巴菲特在波克夏公司（Berkshire Hathaway）1986 年的年報中，回顧自己前二十五年的執行長生涯，最後做出了這個結論：擔任執行長至今，他發現一股最令他詫異而且是最重要的神祕力量，這股力量就是企業的同儕壓力，此壓力迫使執行長模仿同業的行動。他將這股強大的力量稱為「同業性的強制力」，並指出這股力量幾乎隨處可見，想要有一番作為的執行長必須想辦法不受其影響。

本書探討的這幾位執行長都會設法避開這股強大的強制力，以免受其影響。怎麼避開呢？他們在其共通的管理哲學中發現了一個對抗方法，這個方法就是普遍存在其組織與文化中，促使其制定營運與資本配置決策的世界觀。雖然他們是獨自構思自己的管理哲學，而且身處不同的產業與環境，不過，他們使用的方法卻十分相似。

他們的組織都採行高度分權，都曾執行大規模的收購，都研發出以現金流量為基礎的特殊指標，也都曾買回數量龐大的庫藏股。他們不支付具有實質意義的股利，也不為華爾街提供意見。他們全都遭受過同業和商業媒體的譏笑、懷疑與質疑。他們都在很長的任期期間（平均二十幾年），呈現令人瞠目結舌、難以置信的績效，而且相當享受這種感覺。

傳統上會把商業界區分成公司經營者和投資者這兩個基本陣營，而我們從本書這些執行長的身上看到的，則是一種全新而存在細微差別的執行長職務概念，也就是較不著重於魅力領導，而是比較著重於審慎部署公司資源。

本質上，這些執行長的思維比較像是投資人，而非經理人。他們對自己的分析技巧基本上很有信心。要是看到價值與價格之間出現明顯的落差，他們就會大膽採取行動。股價便宜時，他們

會買回庫藏股（而且往往是大量買回），股價昂貴時，他們則會利用自家的股票購買其他家公司，或是籌募未來公司成長所需的便宜資金。如果找不到值得投資的計畫，他們就會耐心等待，有時一等就是很長一段時間，譬如大眾戲院（General Cinema）的迪克‧史密斯便等了整整十年。長期下來，這種有系統、有條理的低買高賣策略，創造了優異的報酬。

這種全新的執行長職務規劃，是源自於這些執行長在背景上的相同與特殊之處。這些執行長都是非典型的經營者，也都是首次擔任執行長（其中有一半在接掌此職務時年紀不到四十歲），而且除了其中一位之外，其他幾位都是首次接觸他們的產業。他們沒有被過往的經驗或產業的慣例束縛，而由他們集體創造的記錄足以證明，這種新的觀點具有強大的力量。自古以來，新的觀點便是許多領域中刺激創新的催化劑。在科學界提出「典範轉移」的湯瑪斯‧孔恩（Thomas Kuhn）即發現，最偉大的發現幾乎都是來自年輕的新手（譬如，之前當過印刷工人的富蘭克林，在中年時發明了避雷針；二十七歲的專利審查員愛因斯坦，則是提出了質能轉換公式 $E = mc^2$）。

延伸閱讀

惡性通膨與大空頭之下的經營策略

在分析這些執行長與現今的關聯性時,有一點很值得探討,那就是他們如何度過 1974 至 1982 年這段冷戰後漫長的經濟萎靡期。

這段期間,外有石油危機,內有災難性的財政和貨幣政策,以及美國史上最糟糕的國內政治醜聞。在這些負面消息的籠罩之下,這八年出現了嚴重的通膨、兩次大幅度的衰退(和空頭走勢),利率高達 18%,油價暴漲了 3 倍,而且還出現了一百多年來在位美國總統請辭的首例。《商業周刊》(Business Week)在 1979 年 8 月,也就是此黑暗時期的中期,刊載了一篇封面故事,標題是〈股票死了嗎?〉(Are Equities Dead?)

這段時期和現在一樣,充滿了不確定性與恐慌,所以許多經理人都按兵不動;反觀這幾位非典型的執行長,這段時間可說是他們職業生涯中最活躍的時期——他們每一位要不就是投入庫藏股買回計畫,要不就是展開一連串大規模的收購(而湯姆・墨菲則是兩者並行)。套用華倫・巴菲特的說法,這時的他們非常「貪心」,他們的同業則是非常「恐慌」。(注:2006 年 7 月 24 日,作者對華倫・巴菲特的專訪)

沒有過往的包袱

這種「狐狸型」的非典型經營觀點幫助這些執行長研發出與眾不同的方法,也說明了他們的整體管理哲學。他們是非常獨立的一群人,通常不願意和華爾街打交道,不屑聘請顧問,偏好分權的組織結構,並親自挑選懂得獨立思考的員工。

麥爾坎‧葛拉威爾(Malcolm Gladwell)在其出版的暢銷書《異數》(Outliers)中,提出了這個經驗法則:各個領域的專業知識都需要一萬小時的練習才能獲得。不過,這群新手執行長的斐然成就,與此經驗法則有何共通之處呢?在接任這個公司最高的職務之前,這些執行長當中,沒有一位擁有接近一萬小時的管理資歷,而他們的成功或許說明了專業與創新之間的重要區別。

葛拉威爾的經驗法則是針對精通某種領域所提供的指引,但是,精通與創新並不全然相同。如同本章開頭引述自約翰‧坦伯頓的見解,唯有嶄新的思維,才能創造優異的相對績效,而這些執行長的通則是把重心放在對於理性、分析資料與獨立思考的執著。

這八位執行長都不是魅力十足、口才辯給,也不會被不切實際的計畫吸引。他們都是腳踏實地、不妄下定論的人,對於傳統智慧的雜音聽而不聞,只把重心放在簡單的幾個重點。科學家和

數學家傾向化繁為簡,而這些執行長(他們都是量化高手,擁有工程學位者多於擁有 MBA 學位者)懂得把重心放在簡單的概念上,忽視同業和媒體的雜訊,把注意力集中在其事業的核心獲利特點。

在這些個案中,上述的特質使得這幾位非典型的執行長把重心放在現金流量,而非盲目追求華爾街視為神聖的財報獲利。大多數上市公司的執行長會把重心放在最大化季報淨收益,此點不難理解,因為這是華爾街偏好的指標。不過,淨收益可能會被負債水準、稅額、資本支出和收購的差異嚴重扭曲,而無法精準呈現績效。

因此,這些非典型的執行長(他們通常都有複雜的資產負債表、積極的收購計畫和高負債水準)認為,創造長期價值的關鍵在於最佳化現金流量,而其經營模式(包括他們支付收購款的方式、管理資產負債表的方式、採用的會計原則及薪資制度)可以用「強調現金流量」一以貫之。

著重現金流量是他們有別於前人或同行的基本原則,此原則總是敦促他們全力專注於幾個最重要的變數上,這些變數塑造出每家公司的策略,而其重點策略通常與同業的策略方向大為不同。例如,亨利・辛格頓在 1970 與 1980 年代,是把重心放在庫

藏股買回；比爾・安德斯（Bill Anders）把重心放在撤回非核心事業的資金；華倫・巴菲特則把重心放在創造及部署保險可運用資金上頭。

他們的世界觀存在著這個核心的信念：執行長的主要目標是最佳化長期的每股價值，而非追求組織的成長。這似乎是再明確不過的目標了，然而，擴大規模的欲望根深蒂固地深植於美國企業，因為大公司較受媒體關注，而且這些公司的主管通常擁有較高的薪資，也比較可能受邀加入享譽盛名的理事會與俱樂部。因此，我們很少看到積極縮小規模的公司；然而，本書這幾位非典型的執行長卻幾乎都曾透過買回庫藏股來大幅縮減股本，大多數也都曾透過資產出售或分拆公司縮小營運規模，而且，他們都毫不遲疑地出售或結束績效欠佳的部門。

著重現金流量的務實作風，以及他們引以為傲的非傳統信念（其中隱約展露犀利的鋒芒），在亨利・辛格頓身上展露無遺。他在1979年難得接受《富比士》（Forbes）雜誌專訪時表示：「收購幾家企業之後，我們檢討了業務績效，最後獲得此結論：關鍵就在現金流量……我們的現金產出與資產管理態度是源自於我們自己的想法。」他接著又補充道（好像非得這麼做不可）：「不是抄來的。」[2]

第 1 章

專注於高勝率收購標的
›› 湯姆・墨菲與首都城市傳播公司

> 湯姆・墨菲與丹伯克或許是空前絕後的最佳兩人管理組合。——華倫・巴菲特

$

在商學院授課時，華倫‧巴菲特常常將湯姆‧墨菲的首都城市傳播公司與哥倫比亞廣播公司（CBS）的競爭，比為划艇與伊麗莎白二世號郵輪的跨越大西洋競賽，以此說明管理對長期收益可能造成的巨大影響。

墨菲在1966年成為首都城市傳播公司執行長時，CBS是美國國內最有主導力的媒體事業，由名聲響亮的比爾‧培利（Bill Paley）經營。CBS的電視台和廣播電台位於美國國內最大的市場，除了電視台和電台之外，CBS旗下還有最受歡迎的廣播網，以及價值不菲的出版與音樂資產。當時的首都城市傳播公司則是擁有五家電視台和四家廣播電台，而且全都位在較小的市場。CBS當時的市值是首都城市傳播公司的16倍；不過，三十年後，當墨菲把他的公司賣給迪士尼時，首都城市傳播公司的價值已變成CBS的3倍。也就是說，划艇贏了，而且贏得很徹底。

這兩家公司之間看似無法追平的差距，到底是怎麼追平的呢？答案就在截然不同的管理方式。CBS在1960與1970年代，運用廣播網和廣播事業創造的龐大現金流量，投入一項積極的收購計畫，計畫的內容包括購買玩具事業和紐約洋基隊。此計畫帶領CBS進入全新的領域。CBS透過發行股票籌募部分的收購資金，花費大筆的經費在曼哈頓中城蓋了一棟地標型的辦公大樓，

還發展出一套包含四十二位總裁和副總的公司結構。套用巴菲特合夥人查理·蒙格（Charlie Munger）的說法，他們簡直是「有錢就亂花」。[1]

培利在 CBS 執行的策略與集團年代的傳統智慧相符。集團年代對於「多元化」與「綜效」的優點深信不疑，並且以此合理化收購不相關事業的行動，認為這些不相關的事業一旦與母公司結合，一定會相得益彰，帶來更多的獲利，公司也比較不易遭受經濟循環影響。培利的策略是把重心放在擴大 CBS 的規模上。

反觀墨菲，他的目標是提升公司的價值。如同他對我說的：「我的目標不在擁有最長的火車，而在使用最少的燃料率先到站。」[2] 在墨菲與其副手丹伯克（Dan Burke）的管理下，首都城市傳播公司摒棄多元化，打造出一個極為精簡的企業集團，只專注於其熟悉的媒體事業。墨菲收購的廣播電台和電視台持續增加，而且經營得有聲有色，他也定期買回公司的庫藏股，最終並收購了 CBS 的對手美國廣播公司（ABC）。至於最後誰輸誰贏，從他們的相對成績便可見分曉。

墨菲用以超越培利伊麗莎白二世號郵輪的祕密武器看起來相當簡單：專注於有吸引人的獲利特點的產業，偶爾選擇性地運用槓桿購入大型資產、改善營運、償還債務，並且重複這麼做。墨

菲在接受《富比士》採訪時曾扼要地這樣說：「我們只是伺機購買資產，聰明地運用槓桿、改善營運，接著就是……尋找下一個目標。」[3] 不過，很有趣的是，他的同業都不會這麼做；他們和CBS 一樣傾向跟隨流行，把事業版圖拓展至不相關的事業，雇用許多員工，並且以過高的價格，購入眾所矚目的媒體資產。

墨菲把首都城市傳播公司經營得相當出色，成為「滾雪球式擴張」的成功典範。典型的「滾雪球式擴張」，指的是一家公司收購一系列的事業體，嘗試提升營運，然後再持續收購，長期下來，便可從規模優勢和最佳管理營運中受益。此概念在 1990 年代中後期開始盛行，一直到 2000 年初，才隨著知名企業的負債倒閉而退燒。這些公司之所以倒閉，一般都是因為收購時太過倉促，而且低估了整合收購標的與提升營運的困難度及重要性。

墨菲用以擴大企業規模的方法與此不同。他會慢慢地採取行動，培養實質的營運專業技術，並且把重心放在少數幾個高勝算的大型收購標的。在墨菲的經營之下，首都城市傳播公司充分展現了卓越的營運與資本配置。如同墨菲跟我說的：「經營事業需要做的工作，就是每天制定許多的小決策，以及些許的大決策。」

挽救差點破產的電視台

湯姆・墨菲 1925 年出生於紐約的布魯克林，二次大戰期間服役於海軍，在美國軍人權利法案的補助下畢業於康乃爾大學，是哈佛商學院 1949 年的知名畢業生（該屆出了不少知名人士，包括一位證券交易委員會主席，以及許多位成功的企業家與《財星》五百大企業執行長）。從哈佛商學院畢業後，墨菲進入民生消費品巨擘利華兄弟公司（Lever Brothers）擔任產品經理。他是個滴酒不沾的人，然而他在 1954 年出席的一場夏季雞尾酒派對，竟成了徹底改變其人生的重要轉捩點。這場派對是在他父母親的家鄉——紐約州的斯克內塔迪舉辦。他的父親（當地知名的法官）也邀請了一位老友法蘭克・史密斯（Frank Smith）參加這場派對。史密斯是著名廣播主持人羅威爾・湯瑪斯（Lowell Thomas）的業務經理，也是一位連續創業家。

史密斯立刻拉住墨菲，開始跟他解釋自己最新投資的事業：WTEN 電視台。WTEN 是一家危在旦夕的無線電視台，位於紐約州奧爾巴尼一棟廢棄的女修道院。史密斯買下這家電視台之後，才使其不致於宣告破產。在當天傍晚還沒結束時，年輕的墨菲已經同意辭去紐約那份名聲響亮的工作，搬到奧爾巴尼經營這家電

視台。在此之前,他從未接觸過廣播這個行業,也沒有任何管理經驗。

從一開始,史密斯就在市中心曼哈頓的辦公室管理事業,並把大部分的日常營運事務交給墨菲處理。經過幾年的營運虧損之後,墨菲透過改善節目編製與積極管理成本,把電視台變成了一部賺錢機器,而此方法在之後一直重複套用在其公司的營運上。1957年,史密斯和墨菲買下第二家電視台,這家電視台在北卡羅來納州的羅里,之前是一間療養院。在收購位於羅德島普羅維登斯的第三家電視台後,他們把公司取名為首都城市傳播公司。

1961年,墨菲聘請丹伯克接管他在奧爾巴尼的業務。丹伯克當時三十歲,之前同樣沒有廣播相關經驗。丹伯克的哥哥是墨菲哈佛商學院的同窗,當時是嬌生公司(Johnson & Johnson)前途似錦的年輕主管,後來當上了執行長,並因1980年代中期的泰諾危機(注:Tylenol crisis,1982年秋,七位芝加哥居民因服用遭下毒的止痛藥「泰諾」而致死的事件)處理得宜而備受讚揚。他是在1950年代晚期把丹伯克介紹給墨菲。丹伯克參與過韓戰,之後進入哈佛商學院就讀,並於1955年畢業。畢業後,他進入通用食品公司(General Foods)的果凍部門擔任產品經理,後來則在1961年,與首都城市傳播公司簽下了聘任合約。在他加入

首都城市廣播公司之後,墨菲很快跟他灌輸了公司的精簡分權營運理念,而他之後也體現了此理念。

之後,墨菲搬到紐約市,與史密斯一起透過收購打造他們的公司。在接下來的四年,首都城市傳播公司在史密斯與墨菲的指揮下,透過選擇性地收購其他電台與電視台擴大規模,直到1966年史密斯去世為止。

史密斯去世之後,墨菲接下了執行長的職務。當時他四十歲。在他接任的前一年,公司的營收只有2800萬美元。墨菲的第一步是提拔丹伯克擔任總經理暨營運長。他們搭配無間,分工明確:丹伯克負責日常營運管理,墨菲負責收購、資本配置,偶爾與華爾街互動。就如丹伯克告訴我的:「我們的關係是建立在相互尊重的基礎上。我喜歡而且願意做墨菲不喜歡做的事。」丹伯克認為,他的「工作是創造自由現金流量,而墨菲的工作則是負責花用這些錢」。[4] 他和本書中其他雄才大略的營運長一樣,都恰如其分地扮演好他們自己的核心角色,密切地監督營運,讓與他們搭檔的執行長能夠專心處理長期策略以及資本配置的問題。

44　*The Outsiders*

不再搭乘頭等艙

接掌執行長職務不久後，墨菲便開始嶄露頭角。1967 年，他以 2200 萬美元買下了 ABC 位於休士頓的關係企業 KTRK 電視台，成為當時廣播史上最大的收購案。1968 年，墨菲以 4200 萬美元買下當時的雜誌出版龍頭飛兆出版（Fairchild Publications）。1970 年，他完成了他在當時的最大筆收購，以 1 億 2 千萬美元買下了沃爾特・安納伯（Alter Annenberg）的三角通訊電視台（Triangle Communications）。完成三角通訊電視台的交易後，首都城市傳播公司總共握有五個無線電視台，是當時美國聯邦通訊委員會（FCC）允許的上限。

墨菲接著把注意力轉向報紙出版業。報紙出版業是廣告驅動的事業，具有吸引人的利潤和強大的競爭阻礙，與廣播業很相似。繼 1970 年代初期買下幾家小日報後，他在 1974 年以 7500 萬美元買下了《沃斯堡電報》（Fort Worth Telegram），並在 1977 年以 9500 萬美元買下了《堪薩斯城星報》（Kansas City Star）。1980 年，為了在相關事業尋找其他成長途徑，他以 1 億 3900 萬美元買下了有線電視公司（Cablecom），正式進軍剛起步的有線電視產業。

在 1970 年代中期至 1980 年代早期的漫長空頭走勢，墨菲積極買回自家的庫藏股，最終總共買回了將近 50% 的股數，大部分都是以個位數的本益比購得。1984 年，美國聯邦通訊委員會鬆綁了電視廣播電台的所有權規則，於是墨菲便在 1986 年 1 月，以近 35 億美元買下 ABC 廣播電視網及其相關的廣播資產，包括位於紐約、芝加哥和洛杉磯等主要市場的電視台。他的朋友華倫‧巴菲特也出資贊助了此次的收購。

ABC 的收購案是截至當時為止，企業史上最大規模的非石油天然氣交易，也是墨菲拿公司當賭注的一筆龐大交易，收購價金超過了首都城市傳播公司的企業價值。此次的收購震驚了媒體圈，《華爾街日報》為此事件下了〈小蝦米吃掉大鯨魚〉（Minnow Swallows Whale）的標題。丹伯克在成交時，對媒體投資者戈登‧克勞福（Gordon Crawford）說：「這是我這輩子一直在準備的收購。」[5]

墨菲執行此筆交易的核心利益考量是，他認為自己可以把 ABC 電視台的獲利率從 30% 的低水準，提升至首都城市傳播公司領先業界的水準（50％以上）。在丹伯克的監督之下，管理 ABC 電視台集團的員工人數從六十位減少至八位，紐約 WABC 旗艦電視台的員工人數也由六百縮減至四百人，獲利率的差距在

短短兩年內便追平了。

丹伯克和墨菲分秒必爭地落實首都城市傳播公司的精簡分權策略，立刻削減不必要的補貼（例如主管專用電梯和私人用餐室），快速廢除多餘的職位，在交易結束後的前七個月，便解僱了一千五百名員工。他們也將辦公室加以整合，賣掉不必要的不動產，從曼哈頓中城的總部大樓回收了1億7500萬美元。如同ABC新聞的鮑勃・澤爾尼克（Bob Zelnick）所說的：「1980年代中期之後，我們便不再搭頭等艙。」[6]

此時期有一則故事，說明了存在於廣播電視網主管與崇尚精簡和創業家精神的收購者之間的文化衝突。ABC內部（事實上是整個廣電產業，並不只有ABC）盛行著搭豪華轎車的文化──廣播電視產業的主管最重視這項額外補貼，就算只是前往幾個街區以外的餐廳用餐，也要搭豪華轎車；墨菲則習慣搭計程車，他從很早開始，就習慣搭計程車出席所有ABC的會議。不久之後，ABC的主管開始效法墨菲，首都城市傳播公司的價值觀也慢慢滲透至ABC的文化。被問到這是否是以身作則時，墨菲回應道：「不然還有別的辦法嗎？」

在這項交易後的九年間，ABC各個主要事業體的營收與現金流量都大幅成長，包括電視台、出版和ESPN。即便是收購時績

效敬陪末座的電視網也表現不俗，不僅在黃金時段收視率排名第一，獲利表現也優於 CBS 和 NBC。

結束 ABC 的交易後，首都城市傳播公司再也沒有進行過大規模的收購，改把重心放在事業的整合、較小型的收購與持續的庫藏股買回。1993 年，丹伯克在度過六十五歲生日後，馬上宣布從首都城市傳播公司退休，他宣布退休時，連墨菲也感到驚訝。（丹伯克後來買下波特蘭海狗隊，並親自監督這支棒球隊的重生，在其悉心管理下，波特蘭海狗隊如今已成為備受敬重的小聯盟球隊。）

1995 年夏天，巴菲特建議墨菲在愛達荷州太陽谷的 Allen & Company 媒體經營年會中，和迪士尼執行長麥可・艾斯納（Michael Eisner）坐下來好好談談。艾斯納有意買下墨菲的公司。當時七十歲的墨菲還沒找到屬意的接班人，於是便答應和艾斯納見上一面。幾天下來，墨菲談成了 190 億美元的價格，相當於現金流量的 13.5 倍、淨利的 28 倍。

墨菲後來成為了迪士尼的董事，不久之後則淡出了管理團隊——如果你在 1966 年湯姆・墨菲當上執行長時，投資 1 美元購買其公司的股票，等到他把公司賣給迪士尼時，這 1 美元的價值已變成了 204 美元。這相當於連續 29 年高達 19.9％的年化報

圖 1-1　首都城市傳播公司股價表現

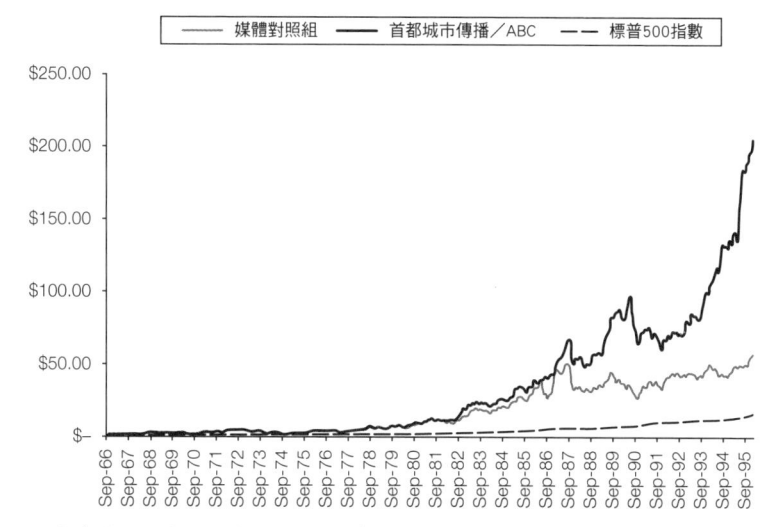

注：媒體對照組包括塔夫脫通訊社（Taft Communications，1966 年 9 月至 1986 年 4 月）、地鐵媒體公司（Metromedia，1966 年 9 月至 1980 年 8 月）、時代明鏡公司（Times Mirror，1966 年 8 月至 1995 年 1 月）、考克斯通訊社（Cox Communications，1966 年 9 月至 1985 年 8 月）、甘尼特公司（Gannett，1969 年 3 月至 1996 年 1 月）、奈特里德集團（Knight Ridder，1969 年 8 月至 1996 年 1 月）、赫特漢克斯公司（Harte-Hanks，1973 年 2 月至 1984 年 9 月）、道瓊公司（Dow Jones，1972 年 12 月至 1996 年 1 月）。（原圖參考原文檔案第 42 頁）

酬率，大幅超越了同一時期標普 500 指數的 10.1％，以及龍頭媒體指數的 13.2％。（對華倫・巴菲特來說，這項投資也很有賺頭，在其公司波克夏的十年持股期間，為其創造了 20％以上的年化報酬率。）如圖 1-1 所示，在任職於首都城市傳播公司的二十九年，墨菲的績效大幅超越標普 500 指數 16.7 倍，也超越同業近 4 倍。

打造高績效，非典型執行長做對什麼？

▋ 召募最好的人才，權責下放，就是最好的成本

本書探討的一個重點是資源配置。執行長需要配置的資源基本上有財務與人力這兩種。我們已簡單討論過前者，不過後者也非常重要，而且這些非典型的執行長在配置此項資源時，同樣也採用了有別於傳統的方法，此方法特別強調扁平式組織與簡化公司人力。

分權的政策本身具有謙遜的本質。此政策的思維是認為總部沒辦法提供所有的解答；許多真正的價值其實是由該領域的當地經理人所創造。而提到重視分權的企業特質，沒有一家公司比得上首都城市傳播公司。

這家公司的文化特徵是賦予營運主管極大的自主權。在首都城市傳播公司每份年報的封面內頁，都有一段扼要闡述此特點的文字：「分權是我們的理念基石。我們的目標是盡我們所能雇用最好的人才，並賦予他們執行工作所需的責任與權力。所有的決策都是由地方層級制定……我們希望我們的經理人……永遠審慎評估成本，找出並開發銷售潛力。」

總部的人力極度精簡,而其主要的目的是為營運單位的總經理提供支援。行銷、策略規劃、人力資源等功能性部門,都沒有設置副總職務,公司內部也沒有設置顧問或公關部門(所有媒體的詢問電話均由墨菲的祕書巧妙回應)。首都城市傳播公司的公司文化中,發行人、廣播電台與電視台經理擁有對內的權力與威信,他們幾乎不曾接獲紐約總部對其業績表現的關切。這家企業的理念是提拔獨立自主、有創業家精神的人才擔任總經理,而其人力資源的指導理念,也就是墨菲一再重申的理念,則是:「盡可能雇用最好的人才,然後不去干涉他們。」如同丹伯克告訴我的,公司採行的極端分權策略,「降低了成本與敵意」。

丹伯克自己就是此理念發展過程中的白老鼠。丹伯克在1961年接任WTEN總經理後,剛開始每週都會寄工作報告給墨菲,如同他在通用食品公司接受的訓練一般,但都沒有收到任何回應。幾個月後,他體認到自己應該把時間用在日常的營運,而非用在向總部報告上,於是便停止寄送工作報告。丹伯克在描述其在奧爾巴尼的早年生活時曾這樣說過:「墨菲的無為而治簡直到了放任的程度。」[7]

儉樸也是其企業的核心特質。墨菲和丹伯克很早便體認到,他們雖然無法控制電視台的營收,不過可以控制成本。他們認

為，以廣告為主要收入的事業，若要防止營收波動，最好的方法就是持續控管成本，而此原則也成為深植於這家公司文化的企業特質。

事實上，在這家公司的早期故事中，外界最常提起的是墨菲詳細審查油漆支出的那段往事。墨菲抵達奧爾巴尼後不久，史密斯便請他把電視台所在處的建築物，也就是那棟廢棄的女修道院重新粉刷一遍，以便提升電視台在廣告商面前的專業形象。墨菲依照他的吩咐重新粉刷了面向馬路的那兩側，其他幾側則保持原狀（「永遠審慎評估成本」）。墨菲位於紐約的辦公室目前還掛著WTEN 的照片。

墨菲和丹伯克認為，即便是最小的營運決策，尤其是與員工人數有關的決策，都可能隱含預料之外的長期成本，所以需要持續監控。出版事業部的主管菲爾・米克（Phil Meek，由他負責管理的出版事業包括六份日報、幾個雜誌集團和一系列每週出刊的採購型錄）謹記這項原則，只在出版總部配置了三名員工，其中包括一位行政助理。

丹伯克熱衷於追求經濟效益，使他獲得了「樞機主教」的綽號。為了經營廣布各處的事業體，他設計出一套極為詳盡的年度預算編列程序。每年，每位總經理都會前來紐約出席全面性的預

算會議。在會議中，管理階層會提出來年的營運與資本預算，而丹伯克和他的財務長羅恩・多夫勒（Ron Doerfler）則會逐條審查（有趣的是，丹伯克的強勢作風不僅展現在成本過高時，也展現在雇用太少弱勢族群的員工時）。

他們的預算審查毫不馬虎，幾乎每次都會做出重大的修改。他們特別重視資本支出及費用，而且相當重視獲利率（丹伯克將獲利率視為「一種成績單」），期望經理人的表現超越他們的同業。在會議以外的期間，這些經理人不會受到什麼干涉。他們有時甚至有好幾個月都沒接獲來自總部的關切。

不過，這間公司不只靠減降成本達成高獲利率，還強調投資其事業體以獲得長期的成長。墨菲和丹伯克領悟到，在他們大部分的事業，驅動獲利率的關鍵是營收的成長和廣告的市占率，所以他們總會透過資產的投資，確保其在當地市場的領導地位。

例如，墨菲和丹伯克很早便了解到，地方新聞收視第一的電視台，最後將可取得當地市場極大占比的廣告收入，因此，首都城市廣播電視台投入新聞人才與技術的資金總是相當龐大，而且值得注意的是，這家公司的每個電視台都在當地市場取得領先地位。再舉一個例子。在升級沃斯堡的印刷廠方面，丹伯克堅持投入的資金，較菲爾・米克要求的還多出許多，因為他意識到，彩

色印刷對維持《沃斯堡電報》的長期競爭優勢至關重要。一位早期的員工菲爾・布斯（Phil Beuth）就直接告訴我說：「這間公司不是小氣，而是相當謹慎。」[8]

這間公司的招募習慣同樣也與眾不同。由於墨菲和丹伯克在加入首都城市傳播公司之前，都沒有廣電的相關經驗，因此，他們對於智慧、能力與幹勁的偏好，更甚於直接的產業經驗。他們要找的是有才幹、且具備新穎觀點的年輕狐狸。首都城市傳播公司只要完成一項併購或進入一個新的產業，就會指派公司的一位高階主管（通常是來自不相關的部門）去管理這項新資產。例如，之前負責經營旗艦電台底特律 WJR 電台的比爾・詹姆士（Bill James），便被派去經營有線電視部門，之前擔任出版部頭頭的約翰・西亞斯（John Sias），則被派去接管 ABC 電視網。兩人之前都沒有相關的產業經驗，但卻都繳出了漂亮的成績單。

墨菲和丹伯克也很放心把權責交給年輕有為的主管。如同墨菲對我說的：「我們很幸運，我們本身擁有這些權責，而且知道這麼做行得通。」比爾・詹姆士在三十五歲那年接管了 WJR，在此之前，他完全沒有電台方面的經驗；菲爾・米克在三十二歲那年從福特汽車公司（Ford Motor Company）跳槽過來，在毫無出版資歷的情況下，接管了《龐蒂亞克快報》(*Pontiac Press*)；羅

伯特・艾格（Robert Iger）在三十五歲那年從紐約搬到好萊塢接管 ABC 娛樂，在此之前，他都在播報體育賽事。

這家公司的流動率也非常低。如同其競爭對手羅勃・普萊斯（Robert Price）所說的：「我們總會收到許多封履歷，不過沒有一封是來自首都城市傳播公司的跳槽者。」[9] 丹伯克記得，他和法蘭克・史密斯在討論此理念的效用時，史密斯是這麼說的：「公司的這套制度用了許多自主權和權力收買你，讓你捨不得離開。」

極度分權帶來利潤，也帶來堅定的信念

在資本配置方面，墨菲採用的方法與同業不大相同。他避免多元化，發放極少的股利，很少發行股票，積極運用槓桿，定期買回庫藏股，並在沉寂一段時間之後，執行難得一見的大型收購。

首都城市傳播公司的兩大資本來源是內部營運的現金流量和負債。如同我們之前看到的，這間公司穩定地產出領先業界的營運現金流量，為墨菲提供了穩定的資金來源，使他可以把這些資金靈活地配置到收購、庫藏股買回、償還債務，以及其他投資選項。

墨菲也經常利用負債籌措收購款項，他曾經這麼總結自己採行的方法：「我們向來……都是在還清收購資產的債務後，再次

利用這些資產來購買其他資產。」[10] 在成交一項收購之後，墨菲就會積極部署自由現金流量來降低負債水準，而且這些債款一般都會提前償付。例如 ABC 的大筆債務就是在交易後的三年內還清。頗有意思的是，墨菲從不借錢籌措買回庫藏股的資金，他寧願利用槓桿來購買想要經營的事業體。

墨菲和丹伯克會積極避免股權因為發行新股而被稀釋。除了為籌措 ABC 的收購金而把股票賣給波克夏之外，這間公司在賣給迪士尼之前的二十年期間，都沒有發行過新股，而且屢次買回庫藏股，使得這段期間流通在外的總股數還縮減了 47%。

收購無疑是這間公司在墨菲任職期間，最大的資金出口。根據最新的研究結果，一般而言，在所有的收購中，約有三分之二會減損股東的價值。那麼，首都城市傳播公司是如何透過收購創造如此龐大的價值的呢？收購是墨菲的職務範圍，也是他投入最多時間鑽研的領域。他沒有授權其他人制定收購決策，也從未求助於投資銀行家，長期下來，他發展出一套特殊的方法，這套方法不僅有效，並與競爭對手使用的方法之間存在著重大且重要的差異。

對身為資本配置者的墨菲來說，採用極度分權能夠帶給公司重要的好處：極度分權可以讓公司賺得比同業更多的利潤（首都

城市廣播的每個事業體都擁有最高的獲利率），使公司在收購方面具有優勢，因為墨菲知道他所購買的資產在丹伯克的經營下，獲利率會很快提升，而實際支付的價格則會隨之降低。換言之，這間公司在營運與整合方面的專業技能，給予了墨菲最稀有的企業優勢：堅定的信念。

而且，當墨菲擁有堅定的信念時，他就準備積極採取行動了。在他的帶領之下，首都城市傳播公司展現了極大的收購野心，曾經三度完成廣播產業史上最大筆的交易，最終更完成了大規模的 ABC 收購交易。在這段期間，首都城市傳播公司也參與了美國國內最大規模的幾個報業收購案，以及廣播、有線電視、雜誌出版業的交易案。

墨菲會靜候時機，等到具有吸引力的標的出現時再出手。他曾說過：「我拿薪水不只是去談生意，而且是去談好的生意。」[11] 不過，只要看見自己喜歡的標的，他就會準備下很大的賭注，而在他近三十年執行長任職期間所創造的價值，有許多全是源自於少數的大型收購決策。這些決策都產出了優異的長期報酬，而且他在收購這些標的時，都動用到首都城市傳播公司市值 25% 以上的資本。

墨菲是交易勘察高手。幽默感、誠實和正直是他著名的特

質。他與其他媒體公司的執行長不一樣，總是避免成為眾人矚目的焦點（雖然這在 ABC 收購案之後變得更為困難）。這些特質在他勘察潛在收購標的時具有加分的效果。墨菲知道自己想要收購什麼，如果找到他中意的資產，他就會花數年的時間與此資產的老闆培養關係。他從不參與惡意收購，而其公司完成的每一筆主要交易都是直接和賣方接洽後購得，例如三角通訊電視台的沃爾特・安納伯和 ABC 的倫納德・高德森（Leonard Goldenson）。

為了成為受青睞的買家，他總是一視同仁地對待員工，並透過完善的經營讓事業體在市場上保持領先。1984 年，當他前去和高德森洽談 ABC 的買賣時，他的好名聲給了他很大的幫助（他會以謙虛的態度切入主題：「倫納德，拜託別把我扔出窗外，我想要買你的公司。」）。

不過，隱藏在墨菲仁慈、外向的外表底下的，是他敏銳精明的心思。墨菲是一個紀律嚴明的買家，對報酬率有相當嚴格的要求，不會為了收購而收購（他之前曾因 500 萬美元的價差，而沒談成一筆包含三個德州資產的龐大報業交易）。他和本書探討的其他執行長一樣，靠著簡單但力道強大的規則，評估交易標的的價值。墨菲的評估基準是：在不使用槓桿的情況下，十年期間達到兩位數的稅後報酬率。他參加過許多競標，不過，由於他堅守

此估算原則,所以從未在競標中勝出。墨菲告訴我,他的投標金額一直都只落在最終成交金額的 60％ 至 70％。

墨菲的談判風格很特殊。他認為「在談判桌上理當留點餘地」給賣方,能讓雙方皆大歡喜地離開才是最好的交易。他往往會詢問賣方他們覺得自己的資產值多少錢,如果他認為對方的報價合理,就會很乾脆地接受對方的報價(當安納伯跟他說,三角通訊電視台值稅前獲利的 10 倍時,他就是這麼做的)。如果他認為對方的報價太高,他就會提出他最好的價格,如果賣方拒絕了他的報價,墨菲就會離開談判桌。他認為這種直截了當的方法既省時,又可以避免不必要的不愉快。

延伸閱讀

從經營電視台,到營運新聞事業

1970 年完成三角通訊電視台的交易後,依照聯邦通訊委員的規定,首都城市傳播公司不得再擁有其他家電視台。於是,墨菲便把注意力轉向報業,並在 1974 年至 1978 年間,展開了當時報業史上最大規模的兩筆交易,也就是《沃斯堡電報》和《堪薩斯城星報》的收購,並買下了分布在美國各地的幾家較小規模的日報和週報。

首都城市傳播公司在其報紙出版部的表現，為其營運技能提供了有意思的試金石。在吉姆・海爾（Jim Hale）和菲爾・米克的帶領之下，首都城市傳播公司從其經營電視台的經驗中，發展出一套營運新聞事業的方法，這套方法強調的是審慎控制成本及最大化廣告市占率。

在觀察其主要四大報的營運時，每年穩定成長的營收和營業的現金流量是相當值得注意的一點。這些資產在 1977 年賣給奈特里德集團前的平均二十年持股期間，集體產出了 25% 的年化報酬率，令人為之驚豔。根據《堪薩斯城星報》發行人鮑勃・伍德沃思（Bob Woodworth，之後成為普利策公司〔Pulitzer Inc.〕的執行長）的描述，這間公司最大的報紙《堪薩斯城星報》，它的營業獲利率從 1970 年代中期的個位數，成長至 1966 年的 35%，現金流量則從 1250 億美元，增加至 6800 億美元。

庫藏股買回是墨菲另一個重要的資金出口，為他提供了重要的資金配置基準，是他多年來經常使用的資金配置方式。當公司的評價倍數低於市場同業時，墨菲就會買回公司的庫藏股。多年下來，墨菲一共投入逾 18 億美元買回庫藏股，大部分都是以現金流量的個位數倍數買回。總結的來說，首都廣播公司在這些買回的庫藏股上押了很大的賭注，可說僅次於 ABC 的收購金額，

而這些股票為公司創造了優異的報酬,十九年的累計年化報酬率達22.4%。墨菲現在回想時會忍不住感嘆:「真希望當初買多一點。」

首都城市傳播公司優異的長期績效贏得了美國頂尖媒體投資人的讚賞。華倫・巴菲特和馬里奧・加貝利(Mario Gabelli)都以他們那個年代的洋基強打者來比擬墨菲和丹伯克的管理績效:巴菲特是以貝比・魯斯和賈里格(Gehrig)比擬這兩位,加貝利則是以曼托(Mantle)和馬拉斯(Maris)比擬。戈登・克勞福(Gordon Crawford)這位美國極具影響力的媒體投資人,也是1972年至迪士尼收購期間的首都城市傳播公司股東,他認為,墨菲和丹伯克以其獨特的營運與資本配置技巧,共同打造了「報酬的永動機」。[12] 對首都城市傳播公司讚譽有加的,還包括盧恩卡尼夫投資公司(Ruane, Cunniff)的比爾・盧恩(Bill Ruane),以及道富研究管理公司(State Street Research & Management)的大衛・瓦果(David Wargo)。

延伸閱讀
娛樂媒體產業經營者的搖籃

1990年代中後期,首都城市傳播公司出版部暨ABC電視網

前任總經理約翰‧西亞斯（John Sias）把首都城市傳播公司運用於營運與人力資源的特殊方法，成功移植到一家西岸的媒體公司，也就是紀事報發行公司（Chronicle Publishing）。西亞斯是在 1993 年接任紀事報發行公司的執行長職務，而紀事報發行公司原本是一家多元化的家族媒體企業，總部位於舊金山。

紀事報發行公司旗下擁有《舊金山紀事報》（San Francisco Chronicle）、NBC 位於舊金山的關係企業 KRON、三十萬個有線電視訂閱戶和一家圖書出版公司。在西亞斯到任以前，這家公司被家族糾紛搞得四分五裂，營運也受到影響。西亞斯和他年輕的營運長艾倫‧尼科爾斯（Alan Nichols）分秒必爭地落實首都城市傳播公司的營運模式，徹底改變這間公司的營運。他們上任後立刻廢除公司總部一整個階層的主管，落實嚴格的預算審核程序，並給予總經理重大的權力與自主權（其中有許多位因為無法適應要求較為嚴苛的新文化，而在第一年離職）。

結果很驚人。KRON 的獲利率提升了兩千個基本點，從 30％ 提高至 50％（KRON 最後在 2000 年 6 月，以逾 7.3 億美元售出），《紀事報》的營業獲利率（《紀事報》當時與《舊金山觀察家報》〔San Francisco Examiner〕以特殊合資經營協議共同經營）成長了兩倍多，從 4％提高至 10％，赫斯特出版公司（Hearst）並在 1999 年以 6.6 億美元的天價買下紀事報。西亞

斯和尼科爾斯還透過免稅交易，將有線電視訂閱戶併入遠程通訊公司（Tele-Communications Inc., TCI），並以具有吸引力的價格，把圖書部賣給了此企業的一位家族成員。西亞斯在1999年從公司退休時，已為股東創造了數億美元的價值。

首都城市傳播公司出身的人才後來散布至整個娛樂媒體圈，如同曾為比爾·沃爾許（Bill Walsh）效命的許多傑出NFL（國家美式足球聯盟）教練，以及曾於1950年代與1960年代，在波士頓彼得·本特·布萊根醫院（Peter Bent Brigham Hospital）效命於法蘭西斯·摩爾（Francis Moore）的外科醫師，之後大家都各奔前程。首都城市傳播公司的文化和營運模式廣受好評，除了《紀事報》的西亞斯之外，也有其他前任主管在不同類型的媒體公司擔任高階管理職務，例如迪士尼便是由羅伯特·艾格（於2005-2020年擔任執行長）經營。其他首都城市傳播公司出身的人才還包括LIN廣播公司（LIN Broadcasting）的執行長、普利策公司的執行長、赫斯特的財務長、史克利普斯公司（E.W. Scripps）的報紙營運總經理等。丹伯克的兒子史帝夫（Steve）之前曾擔任康卡斯特公司（Comcast）營運長，後來成為NBC環球（NBCUniversal）的執行長。

雖然我們在此著重的是可量化的業績，不過有一點很值得留意，那就是墨菲把首都城市傳播公司打造成人人稱讚的公司，公

司內擁有非常強大的企業文化與團隊精神（至少有兩個不同事業群的主管目前仍然定期舉辦聚會）。這間公司廣受員工、廣告商、社群領袖及華爾街分析師的尊敬。菲爾·米克曾經跟我說過一個酒保的故事：有一位曾在他們員工活動中服務的酒保，靠著他在1970年代早期購買的首都城市傳播公司的股票，賺得了一筆可觀的報酬。之後，有一位主管問到他當初為什麼要做這項投資時，這位酒保回答說：「多年來，我曾在許多家公司舉辦的活動中工作，不過，首都城市傳播公司是唯一一家我看不出誰是老闆的公司。」[13]

延伸閱讀
其他案例：運輸典範公司

運輸典範公司（Transdigm）是當代可以和首都城市傳播公司比擬的公司。它是一家鮮為人知的公開上市航空零件製造商，自1993年起，這間表現優秀的公司便透過內部的成長和一項非常有效的收購計畫，將現金流量的成長率推升至25%以上。這家公司和首都城市傳播公司一樣，都把重心放在具有卓越獲利特性的特定類型事業。

運輸典範公司的專長在設計精良的航空零組件。這些零件一

旦設計在軍用機或商用機中,便無法輕易變更,而且需要定期保養及更換。零件對飛機的性能相當重要,而且沒有替代品,此外,相較於整架飛機的成本,零件的成本實在微不足道,因此,他們的客戶(最大的軍用機與商用機製造商)對於性能的重視更甚於價格,而運輸典範公司不僅擁有制定價格的能力,獲利也令人驚豔 —— 現金流利潤率若以定義為EBITDA(稅前折舊及攤銷前利潤)來看,達 40％以上。

1990 年早期,以執行長尼克・豪利(Nick Howley)為首的運輸典範管理團隊體認到這些卓越的獲利特性,研擬了一套高度分權的公司架構與營運制度,將這些專業零件的事業的獲利能力提升到最高。和首都城市傳播公司的墨菲一樣,豪利知道他的團隊能夠快速且大幅提升所收購公司的獲利能力,進而降低實際支付的收購價格,並 未來的收購提供具有說服力的理由。

自從上市之後,這家公司也開始採用一種特殊、積極的資本配置策略(此策略在華爾街引發了不少的議論與騷動),並維持高槓桿的舉債經營模式、買回庫藏股,還在最近一次金融危機的最絕望時刻,宣布發放一大筆特別股利(以負債籌措股利資金)。可想而知,公司的報酬率也很出色——這家公司在 2006 年首次公開發行之後,股價已上漲了 4 倍多(**注:直至 2021 年底已上漲 25 倍**)。

第 2 章

做好準備隨時調整策略

>> 亨利・辛格頓與泰勒達因集團

> 亨利・辛格頓擁有美國企業中最好的營運與資本部署記錄……就算把一百位最頂尖商學院畢業生的成就加起來,他們的記錄也比不上辛格頓。——華倫・巴菲特,1980 年
>
> 當事實改變時,我的想法就會跟著改變。閣下的做法又是如何呢?——約翰・梅納德・凱因斯(John Maynard Keynes)

$
$

素以逆向操作著稱的中型企業集團泰勒達因，在1987年初宣布發放股利。沒想到這個看似無關痛癢的事件，竟然吸引了商業報刊大篇幅報導，其中包括一篇《華爾街日報》的頭版文章。《華爾街日報》到底在此事件中發現了什麼新聞價值呢？

在20世紀大部分的時期，股東都會期望公開發行公司發放一部分的年度盈餘做為股利。這些股利是許多投資人的收入來源，尤其是年長的投資人，所以投資人會密切關注股利的發放水準和公司制定投資決策的政策。不過，泰勒達因卻是1960年代的企業集團中，唯一堅持不發放股利的公司，因為他們認為股利不符合稅務效率（股利會課兩次稅，一次是對公司，一次是對個人）。

事實上，在與世隔絕的創辦人暨執行長亨利·辛格頓的治理下，泰勒斯因有一系列極為特殊的反向操作策略，而上述的股利政策只是其中之一。除了避免發放股利之外，辛格頓還採用了著名的分權政策，避免和華爾街的分析師打交道，不分割他的股票，而且會買回公司的庫藏股——這點在之前和當時同業都沒有人這麼做。

這些策略都十分特殊，別具一格；不過，真正使辛格頓有別

於同業並成為傳奇的，則是其令市場和同業相形失色的優異獲利。辛格頓設法在近三十年詭譎多變的總體經濟條件下（始於1960年代的活躍股市，結束於1990年代早期的嚴重空頭走勢），以極快的速度提高公司的價值。

他持續順應不斷變化的市場情況，始終把重心放在資本配置，以達成此目標。他採用的方法與同業有所差異，而這種和眾人不同的作風可以追溯到他那迥異於《財星》五百大企業執行長的背景。

數學家、科學家，也是有紀律的收購買家

辛格頓1916年出生於德州的小城市哈斯里特，是個十分卓越的數學家與科學家。他從未取得MBA，而是在麻省理工學院取得電機工程學學士、碩士和博士學位。辛格頓曾為麻省理工學院的第一部學生電腦編寫程式，以之做為博士論文的一部分，並於1939年以全美頂尖數學資優生的佳績贏得了普特南獎章（Putnam Medal）——後來獲頒此獎的還有贏得諾貝爾獎的物理學家，理察·費曼（Richard Feynman）。此外，他也是熱愛西洋棋的高手，與西洋棋最高段僅相差100分。

1950年從麻省理工學院畢業後，他在北美航空（North American Aviation）和休斯飛機公司（Hughes Aircraft）擔任研究工程師。之後，前神童小組（注：Whiz Kids，神童小組是二次大戰期間，十位美國陸軍航空軍老兵組成的小組，負責陸軍航空軍的統計控制事務）的特克斯・桑頓（Tex Thornton）聘請他到利頓工業（Litton Industries）工作。1950年代晚期，他在效命於利頓工業之時，發明了「慣性導引」系統，此系統目前仍應用於商用機及軍用機。後來辛格頓獲得提拔，當上了利頓電子系統事業群的總經理。在他的帶領之下，該部門在該年代晚期，成長為公司最大的部門，貢獻了逾8000萬美元的營收。

辛格頓在明白自己不會成為繼任桑頓的執行長後，便在1960年離開了利頓工業。那時他四十三歲。當時擔任利頓電子元件事業群主管的喬治・克斯麥茲基（George Kozmetzky）也與他一起離開。後來，在1960年7月，他們一起成立了泰勒達因。他們一開始先收購三家小電子公司，並以此為基礎，成功取得一筆金額龐大的海軍合約。1961年，在剛進入企業集團年代時，泰勒達因成為了公開發行公司。

集團股是他們那個年代很紅的投資標的。集團旗下包含許多不相關的事業單位。這些企業集團倚仗著平穩的股價，在未經審

慎評估的情況下,便大肆收購各種產業的公司。剛開始時,這些收購來的公司為企業集團帶來了更高的獲利,並進一步推升股價,而這些企業集團便利用這些股票收購更多的公司。大多數的集團都在總部部署了許多人力,認為他們可以在這些不同性質的公司中發掘並利用綜效,此外,他們也積極討好華爾街和報刊,希望藉此拉抬公司的股價;然而,他們安逸美好的日子在1960年代晚期,隨著最大規模企業集團(ITT公司、利頓工業等)的獲利不如預期、股價一落千丈,而驟然終止。

現今的傳統智慧認為,企業集團是無效率的公司組織形式,欠缺「單一經營」公司的靈活度與聚焦;不過,企業集團並非向來如此。在1960年代大部分的時期,企業集團享有極高的本益比,並使用其高價的股票大肆收購其他公司。在這段令人振奮的時期,收購的競爭不像現今那麼激烈(當時還沒有私募股權公司),而收購者用以買下一家營運公司控制權的價格(以本益比評價)往往明顯低於股票市場上的本益比,為收購提供了具有說服力的理由。

辛格頓充分利用此套利機會,發展出多元化的事業組合,並在1961年和1969年間,買下了一百三十家包括航空電子、特殊金屬和保險等不同產業的公司。除了其中兩家以外,其他家公司

都是用泰勒達因的高價股票收購。

不過,辛格頓的收購方式與其他企業集團家不同。他不會未經審慎評估就購買,也會避開整頓中的公司,並把重心放在擁有領先地位和獲利能力的成長型公司,而且多半是打入利基市場的公司。如同泰勒達因特殊金屬部門主管傑克‧漢米爾頓(Jack Hamilton)針對其事業部門提出的評論:「我們專攻以盎司而非公噸出售的高獲利產品。」[1] 辛格頓是很有紀律的買家,他支付的收購金額從不超過該公司盈餘的 12 倍,大部分的公司也都是以明顯低於其股價本益比的價格購入——在此期間,泰勒達因的股價本益比介於 20 及 50 之間。

1967 年,辛格頓以 4300 萬美元收購了瓦斯科金屬公司(Vasco Metals),並且提拔瓦斯科金屬的總裁喬治‧羅勃茨(George Roberts)擔任泰勒達因的營運長,他自己則擔任執行長暨董事長。瓦斯科金屬公司是他迄今為止最大規模的收購。羅勃茨是辛格頓在海軍學院(Naval Academy)的室友。羅勃茨在十六歲時進入了海軍學院,成為當時該校史上最年輕的大學新鮮人(之後他和辛格頓都因為大蕭條時期的學費補助削減而轉校)。羅勃茨也有科學方面的背景,他在卡內基美隆大學(Carnegie Mellon)完成冶金學博士學位後,先後在不同家特殊金屬公司擔

任主管,最後則是在 1960 年早期進入瓦斯科擔任總裁。

羅勃茨進入公司後,辛格頓開始把營運權下放給他,辛格頓自己則花大部分的時間專心處理策略和資本配置的問題。

不久之後,辛格頓成為第一個停止收購的企業集團家。1969 年中,在公司股價下跌、收購價格上漲的情況下,辛格頓突然解散了他的收購團隊。因為嚴守紀律的辛格頓體認到,公司的股票在本益比降低之後,已失去了收購的吸引力。自此之後,這家公司便再也沒有執行過重要的收購,也再也沒有發行新股。

我們可以從表 2-1 看出此收購策略的效果。在公開上市後的前十年間,泰勒達因的每股盈餘成長了 64 倍,流通在外股數的成長則不到 14 倍。

表 2-1　泰勒達因前十年的財報數字(單位:百萬美元)

	1961 年	1971 年	變化
銷售額	$4.5	$1,101.9	244.4 倍
淨收入	$0.1	$32.3	555.8 倍
每股盈餘*	$0.13	$8.55	64.8 倍
流通在外股數*	0.4	6.6	13.7 倍
負債	$5.1	$151.0	28.9 倍

資料來源:此表格由泰勒達因的投資者暨長期觀察家湯姆・史密斯(Tom Smith)提供。

* 股票分割與股利發放後的調整數字。

辛格頓成年時，適逢大眾對於量化專業極具信心的年代。1940 與 1950 年代是「神童小組」的時代。神童小組是由一群年輕的資優數學家和工程師組成，他們利用先進的統計分析，改造美國許多具有代表性的機構。最初改造的是二次大戰期間的美國陸軍航空兵團（Army Air Corps，現代空軍的前身），接著是 1950 年代的福特汽車公司（Ford Motor Company），最後則是美國國防部，而前神童小組成員羅伯特‧麥克納馬拉（Robert McNamara）更曾經在 1961 年獲得提名，成為國防部長。

這些組織的力量是來自總部的精英團隊。其精英團隊是由一群絕頂聰明、擅長量化的年輕主管組成，他們落實了集中控制，並把以數學為基礎的系統應用到事業的營運上。這些分析天才讓廣布各處、混亂無章的事業體井然有序，提升了不論是炸彈空襲，還是製造工廠的效率。

許多企業集團都採用這種以總部為中心的方式管理事業，雇用了許多員工，並設置許多副總職位和規劃部門。有趣的是，曾在神童小組成員特克斯‧桑頓身邊工作的辛格頓，卻為他自己的公司設計了一套截然不同的方式。

不同於桑頓和 ITT 公司的哈洛‧季寧（Harold Geneen），辛格頓和羅勃茨避開「整合」、「綜效」這些當時盛行的概念，強

調極端分權,把公司細分成最小的單位,盡可能將責任的擔當與管理的職責往下延伸。他們只在總部配置不到五十人的人力,由這些人管理逾四萬名員工,而且沒有設置人力資源、投資人關係或事業發展部門。諷刺的是,此年代最成功的企業集團在營運上,竟然最沒有企業集團的樣子。

分權的措施為泰勒達因培養出客觀、不過問政治的文化。泰勒達因的幾位前公司總裁曾如此描述這種不過問政治的清新文化:有達到目標的經理做得很好;沒達到目標的人則繼續努力。如同其中一位經理跟我說的:「沒人會擔心亨利正在和誰用餐。」

創造最大的現金流量

1969 年收購的腳步放緩後,羅勃茨和辛格頓把他們的注意力轉移到公司現有的事業體。辛格頓的另一個背離傳統智慧的做法是不重視財報收益,也就是當時華爾街的關鍵指標,而是把重心放在創造最大的自由現金流量。他和他的財務長傑瑞・杰洛米(Jerry Jerome)設計了一個他們稱之為「泰勒達因報酬率」的獨特指標,此指標是取每個事業單位的現金流量和淨收入的平均值,強調現金的產出,成為所有事業單位總經理的獎金計算依

據。之前他曾經告訴《金融世界》雜誌（Financial World）說：「想要追蹤泰勒達因的人必須了解，我們的季盈餘會波動。我們的會計方法著重的是創造最大的現金流量，而非財報的盈餘。」我們似乎不太可能從一般華爾街目前聚焦的《財星》五百大企業執行長口中聽到這樣的話。

辛格頓和羅勃茨在泰勒達因的各個事業快速改善獲利率，大幅減少營運資本，並在過程中創造大量的現金。從泰勒達因各個事業持續呈現的高資產報酬率（1970年代和1980年代的平均報酬率超過20％）不難看出他們的成果。華倫·巴菲特的事業伙伴查理·蒙格如此形容他們的優異成果：「其他人和他們相差了十萬八千里……差得實在太誇張了。」

實施這些計畫之後，泰勒達因從1970年開始，在各種市場條件下，始終呈現優異的獲利能力。流入的現金都送到總部交由辛格頓配置，而他部署這些資金的決策也非常特別（且有效率）。

> **延伸閱讀**
>
> ## 派克·貝爾事業部：一個罕見的失誤
>
> 派克·貝爾（Packard Bell）電視生產事業部是一個未達辛格

頓嚴格標準的部門,而觀察他和羅勃茨如何處理這個罕見的績效欠佳的事業部,是一件很有意思的事。當他們體認到派克‧貝爾事業部永遠無法改善其競爭劣勢、與成本較低的日本競爭對手抗衡,而且再也無法賺得可接受的利潤時,他們立刻結束了這個部門,成為美國第一家退出此產業的製造商(所有其他的製造商也都在之後十年紛紛退出市場)。

我們的股票太便宜了

1972 年初,在公司現金餘額持續成長、收購倍數居高不下的情況下,辛格頓從曼哈頓的一個電話亭撥了一通電話給一位董事,這位董事就是著名的創業投資家亞瑟‧洛克(Arthur Rock,他後來出資贊助了蘋果公司和英特爾公司)。辛格頓是這麼開頭的:「亞瑟,我一直覺得我們的股票實在太便宜了。我認為以目前的價位買回股票可以賺得的報酬,要比做其他事情來得高,所以我想宣布公開收購,你覺得如何?」洛克思索了一會兒便說:「我贊成你的提議。」[2]

此話一出,資本配置史上的一個開創性時刻便隨之展開。從 1972 年的公開收購開始,一直持續到之後的十二年,辛格頓啟動

了史無前例的大規模買回庫藏股，此計畫不僅對泰勒達因的股價造成重大的影響，也幾乎推翻了華爾街長久以來所抱持的信念。

說辛格頓是買回庫藏股領域的先驅，實在是太低估他了。把他比 買回庫藏股領域的貝比‧魯斯，或是比做公司財務這部分的早期的神人等級人物，或許比較精確一些。在1970年代早期以前，買回庫藏股很罕見，而且頗具爭議。當時的傳統智慧認為，買回庫藏股的做法意味著該股票本身欠缺投資機會，因此被華爾街視為弱勢的徵兆。辛格頓不理會這種傳統觀念，在1972年與1984年間，透過八次的公開收購，買回了多達90％流通在外的股數。如同蒙格所說的：「從來沒有人這麼積極購入股票。」[3]

辛格頓認為透過買回庫藏股把資金退還給股東，比發放股利更能符合稅務效率——在他任期的大部分時間，政府對股利課徵很高的稅。辛格頓認為以具有吸引力的價格買回庫藏股是一種自我催化，買回的庫藏股就像是盤繞起來的彈簧，會在未來的某個時間點飆漲，反應其真正的價值，並在此過程中產生極佳的利潤。這些買回庫藏股的措施提供了實用的資本配置基準，每當購買庫藏股的報酬變得比其他投資機會更具吸引力時，辛格頓就會公開收購他的庫藏股。

買回庫藏股在1990年代開始盛行，而近年來，許多執行長

也經常利用此方式支撐疲弱不振的股價；不過，買回庫藏股的價格必須具有吸引力，才能為公司創造價值。這一點辛格頓做得非常好。他透過公開收購，為泰勒達因創造了高達42%的年化報酬率。

每一次的公開收購幾乎都會造成超額認購。辛格頓已在事前做過分析，知道這些買回的要約具有說服力，而且，由於他的信念非常堅定，所以每次都會買下股東提供的所有股票。收購這些股票的金額占了要約宣布當時，公司帳面價值的4%至66%，對泰勒達因來說是非常大的賭注。辛格頓前前後後花在買回庫藏股的費用高達25億美元。

表2-2完整呈現了這項成績。從1971年到1984年，在泰勒達因的營收和淨收入持續成長之際，辛格頓以低本益比的價格，大量買回泰勒達因的庫藏股，使得每股盈餘出現了40倍的驚人成長。

不過我們必須了解，辛格頓對於買回庫藏股的執著，代表了他在思想上的轉變。辛格頓在其職業生涯的早期，也就是他在創建泰勒達因集團之時，其實是一個積極且擁有高度成效的股票發行者。出色的投資人（和資本配置者）須具備低買高賣的能力，而辛格頓在此方面的表現十分優異——泰勒達因的股票發行平均本益比超過25，而辛格頓買回庫藏股的平均本益比則不到8。

表 2-2　泰勒達因落實買回庫藏股計畫的成績（單位：百萬美元）

	1971 年	1984 年	變化
銷售額	$1,101.9	$3,494.3	2.2 倍
淨收入	$32.3	$260.7	7.1 倍
每股盈餘*	$8.55	$353.34	40.3 倍
流通在外股數*	6.6	0.9	-0.9 倍
負債	$151.0	$1,072.7	6.1 倍

資料來源：此表格由泰勒達因的投資者暨長期觀察家湯姆‧史密斯提供。
* 股票分割與股利發放後的調整數字。

異常集中的投資組合

辛格頓從青少年開始，便對股市深深著迷。喬治‧羅勃茨曾經跟我說過一個辛格頓的故事。他說辛格頓在二次大戰期間，某次在紐約休假時，在一家證券公司的窗前站了好幾小時，專心看著隨著行情報價帶跑出的股價。

1970 年代中期，辛格頓終於有機會實際參與他這輩子迷戀的投資了。他當時負責泰勒達因保險子公司的股票投資組合，此時適逢嚴重的空頭走勢期，股價本益比跌落至經濟大蕭條以來的最低水準。辛格頓在投資組合管理領域，和其在收購、營運和買回庫藏股的領域一樣，自己發展出一套特別的方法，而且繳出漂亮

的成績單。

辛格頓實施了一項重大的反向操作措施，積極重新配置這些保險投資組合的資產，將股票的配置從 1975 年的 10％，大幅提高至 1981 年的 77％。他把 70％以上的股票資金集中投資於五家公司，而且其中更有高達 25％的資金只集中投資於一家公司（這家公司就是他的前東家利頓工業）。這種異常集中的投資組合（一般的共同基金都持有一百支以上的股票），令華爾街人士相當錯愕，許多觀察家都以為辛格頓是在為新的收購做準備。

但其實辛格頓並無此想法。不過，仔細觀察他如何配置這些投資組合，或許可以從中獲得一些啟發。這些投資組合中持股比例最高的，不外乎是他相當熟悉的公司，包括像是柯蒂斯－萊特（Curtiss-Wright）這種較小型的企業集團，以及德士古（Texaco）和 Aetna 等大型的能源及保險公司，在他投資這些公司時，這些公司的股價都落在或接近歷史新低。就如查理・蒙格對辛格頓的投資方法的描述：「他與我和華倫一樣，對於集中投資感到自在，只購買自己熟悉的幾家公司。」[4]

和買回泰勒達因股票的獲利一樣，辛格頓也從這些保險的投資組合中賺得了優異的獲利。由圖 2-1 可以看出，從 1978 年到 1985 年辛格頓開始解散公司時，泰勒達因保險子公司的賬面價值

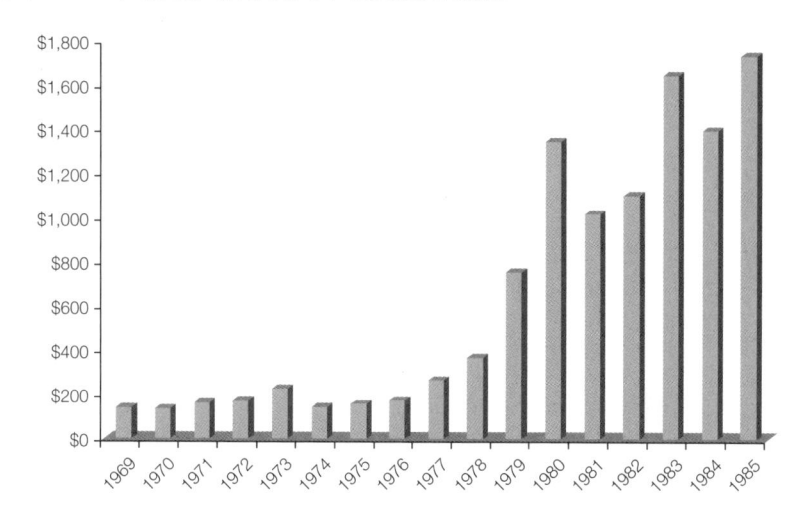

圖 2-1　泰勒達因保險子公司的賬面價值

1969	~$150
1970	~$150
1971	~$175
1972	~$225
1973	~$175
1974	~$175
1975	~$200
1976	~$275
1977	~$400
1978	~$775
1979	~$1,350
1980	~$1,050
1981	~$1,100
1982	~$1,650
1983	~$1,400
1984	~$1,750

＊顯示的是優尼特因（Unitrin）和淘金者（Argonaut）這兩家子公司的帳面價值總合。

成長了近 8 倍。

1984 至 1996 年期間，辛格頓把重心從資產管理轉移到管理接班（1986 年，他指定羅勃茨接任他的執行長職務，他則繼續擔任董事長）及極大化股東價值（泰勒達因這時面臨營運部門成長停滯的挑戰）。為了達成這些目標，辛格頓再次提出令華爾街錯愕的新策略。

辛格頓是分拆公司的先驅。他認為分拆公司既可以降低公司的複雜性，進而簡化泰勒達因的接班問題，又可以呈現公司大型

保險事業的完整價值。該公司的長期董事會成員法耶茲・沙羅菲（Fayez Sarofim）表示，辛格頓認為，「集團化有時，去集團化也有時」。[5] 而去集團化的時機終於在 1986 年到來。最先從泰勒達因集團分拆出來的，是為其員工承保勞工賠償險的「淘金者公司」。

接著，在 1990 年，辛格頓把公司最大的保險事業，也就是杰洛米擔任執行長的「優尼特因公司」分拆出來。優尼特因是當時泰勒達因企業最有價值的事業部門，因此這項措施意義重大。在杰洛米及其繼任者迪克衛（Dick Vie）的帶領之下，優尼特因自公開上市以來，一直維持優異的獲利。

從 1980 年代中期至晚期開始，由於適逢能源與特殊金屬市場的週期性衰退，再加上其國防事業捲入詐欺案，導致泰勒達因的非保險事業成長趨緩。1987 年，在收購價格和股價（包括其公司的股價）均創歷史新高之際，辛格頓認定再也找不到比發放股利更好、獲利更高的現金流量部署選項，於是便在公司成為公開發行公司的第二十六年，首次宣布發放股利。這對泰勒達因的長期觀察家而言，是一個相當震撼的事件，預示著該公司步入了新的歷史階段。

在成功分拆公司及提拔羅勃茨擔任執行長後，辛格頓在 1991

年從董事長職位退休，專心經營他的大規模牧牛事業。（和許多德州出生的同世代企業家一樣，辛格頓對牧場的經營情有獨鍾，最後收購的牧場總面積超過一百萬英畝，這些牧場橫跨了新墨西哥州、亞利桑那州和加州。）不過，在 1996 年，他又返回泰勒達因，親自與阿勒格尼工業（Allegheny Industries）洽談泰勒達因剩餘的製造事業的合併案，並且抵禦了企業掠奪者貝內特‧勒柏（Bennett LeBow）的惡意收購。根據泰勒達因當時的總裁比爾‧拉特利奇（Bill Rutledge）的描述，辛格頓在這些談判中，只專注於談成最好的價格，而忽略了其他次要的問題（例如管理頭銜和董事會的組成）[6]，後來他再次為泰勒達因爭取到有利的結果：泰勒達因最後是以之前交易價格 30％ 的溢價成交。

辛格頓留下了不凡的記錄，使得市場和同業相形失色。從 1963 年（我們手邊擁有可靠的股票資料的第一年）到 1990 年辛格頓卸任董事長職務時，他為股東創造了 20.4％ 的優異年化報酬率（包含分拆的公司），優於同期標普 500 指數的 8.0％，其他主要集團股的 11.6％（參見圖 2-2）。

如果你在 1963 年投資 1 美元購買亨利‧辛格頓的股票，到了 1990 年，這張股票的價值已變成了 180.94 美元，超越同業近 9 倍，超越標普 500 指數 12 倍以上。

圖 2-2　辛格頓年代泰勒達因的股價與標普 500 指數和同業之比較

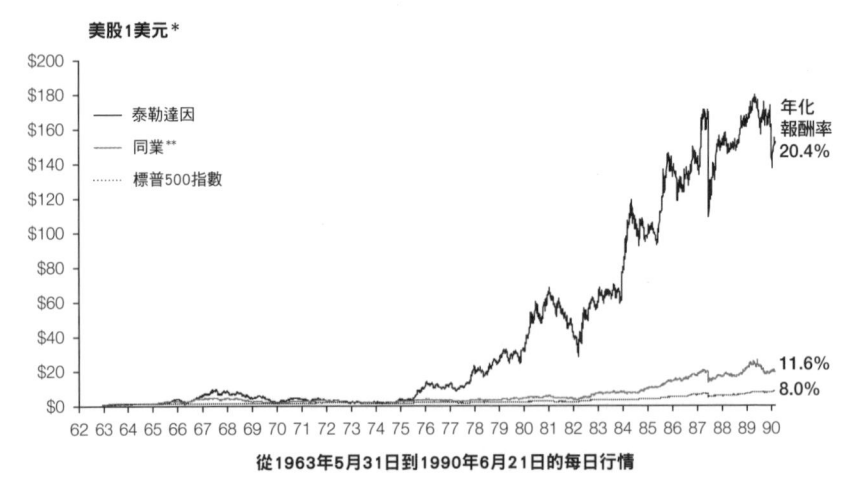

美股 1 美元 *

— 泰勒達因
— 同業 **
⋯⋯ 標普 500 指數

年化報酬率 20.4%
11.6%
8.0%

從 1963 年 5 月 31 日到 1990 年 6 月 21 日的每日行情

* 股票分割、股票股利與現金股利發放後的調整數字（假設有再投資，且課徵 40% 的稅）。
** 比較的同業包括利頓工業、ITT、海灣西方集團（Gulf & Western）和德事隆集團（Textron）。

打造高績效，非典型執行長做對什麼？

▌不做細部規劃，保留彈性

執行長最重要的決策是時間的分配方式，尤其是如何把時間分配到管理營運、資本配置和投資人關係這三個重要的領域，而

不令人意外的是，亨利‧辛格頓的時間管理方式確實與特克斯‧桑頓、哈洛‧季寧這些同業大不相同，與本書探討的非典型執行長則非常類似。

辛格頓在 1978 年對《金融世界》雜誌這麼說過：「我不會為自己做任何日常的規劃，所以不會被任何慣例牽絆住。我不給自己的工作下任何刻板的定義，而是會保留空間，隨時以公司的最大利益為考量。」[7] 辛格頓不做細部的策略規劃，偏好保留彈性[8]，且不排除任何的可能性。如同他曾在泰勒達因的年會上解釋的：「我知道許多人習慣制定非常強硬且明確的計畫，並以這些計畫解決所有的問題，問題是我們會被許多外來因素影響，而且其中大部分的因素都無法預期。所以我認為凡事都應保留彈性。」在某次難得接受《富比士》的採訪時，他以更簡單的方式解釋了他的想法：「我唯一的計畫就是持續過來上班……我喜歡每天掌舵，而不是事先規劃未來。」[9]

不同於企業集團的其他負責人，例如桑頓、季寧，或是海灣西方集團的查理斯‧布盧多恩（Charles Bluhdorn），辛格頓不會討好華爾街的分析師或商業報刊。事實上，他認為經營投資人關係簡直是在浪費時間，所以完全不願意提供季度盈餘的預測，也不願意出席產業會議。這在當時可說是非常特立獨行──當時其

他集團的負責人都很願意接受採訪，經常出現在知名商業雜誌的封面。

> **延伸閱讀**
>
> ## 泰勒達因與沙賓法案
>
> 泰勒達因的特殊作風涉及了現今相當敏感的公司治理議題。如果以沙賓法案（Sarbanes-Oxley）現行的標準來審視，這家公司的董事會是非常失敗。辛格頓（和許多本書探討的執行長一樣）是小型董事會的擁護者。泰勒達因的董事會，包含辛格頓在內只有六位董事，其中半數是內部人士。不過，他們都是極有才幹的一群人，而且每位成員與公司之間都存在重大的利益關係。除了辛格頓、羅勃茨和克斯麥茲基（克斯麥茲基在 1966 年從泰勒達因退休，並創辦了德州大學商學院）以外，董事會成員還包括辛格頓麻省理工的同窗暨資訊理論之父克勞德・夏農（Claude Shannon）、著名的創業投資家亞瑟・洛克，以及休士頓億萬富翁暨基金經理人法耶茲・沙羅菲。這群人在沙賓法案實施之前，一共持有公司近 40% 的股票。

大規模收購庫藏股

就算是和其他積極買回庫藏股的執行長相比,辛格頓也與眾不同,自成一格。由於他非常積極買回泰勒達因的庫藏股,而且相較於這些非典型的執行長,他買回庫藏股的比率也相當高,因此辛格頓有別於現今多數執行長的股票買回方法,似乎是相當值得進一步觀察的重點。

買回庫藏股的方式基本上分為兩種。當代最常見的方式是:公司核准一筆買回股票的資金(通常只占資產負債表上超額現金相當小的百分比),然後在幾個季度(或年度)期間,慢慢買回公開市場上的股票。這種方法相當謹慎保守,不可能對長期的股票價值造成任何有意義的影響。我們不妨把這種謹慎的方法稱為「吸管」。

另一種方法比較大膽,是本書的執行長偏好的方法,也是辛格頓開創的方法,其特色是執行的次數較不頻繁、買回的數量較大,而且是安排在股價低迷之時執行——一般是在很短暫的時期之內執行,往往透過公開收購,而且偶爾會以舉債的方式籌措資金。辛格頓採用此方法不下八次,他不喜歡使用「吸管」,偏好使用「抽水軟管」。

辛格頓在 1980 年執行的庫藏股買回計畫，充分說明了他在資本分配方面的足智多謀。當年 5 月，泰勒達因的本益比瀕臨歷史新低，於是辛格頓便展開公司截至當時為止最大規模的公開收購，結果造成了 3 倍的超額認購。辛格頓決定買下股東提供的所有股票，也就是 20％以上的流通在外股數，並在公司現金流量充沛及近期利率下降的考量下，以利率固定的舉債方式籌措所有的收購金。

此次的買回計畫結束之後，利率大幅上漲，新發行的債券價格下跌。辛格頓認為利率不太可能繼續上漲，於是便展開了買回債券計畫。不過，他是用公司的退休基金贖回，所以投資收益不必課稅。

執行了這一系列複雜的交易之後，泰勒達因獲得了豐碩的成果：首先是利用便宜的負債，成功籌措到數目龐大的庫藏股購回資金；接著是以退休金買回的債券在利率隨後下降的情況下，帶來了可觀的免稅收益；而且可喜的是，股價也大幅上漲了（十年的年化報酬率超過 40％）。

獨立思考是辛格頓的顯著特質，此特質一直維持到他去世為止。1997 年，在他八十二歲死於腦癌的前兩年，有一回他坐下來與泰勒達因的長期投資者利昂・庫伯曼（Leon Cooperman）聊

天。當時,有許多《財星》五百大企業在不久前宣布執行大規模的庫藏股買回,當庫伯曼問他對此有何看法時,辛格頓做出了這個頗有先見之明的回應:「如果每個人都在做這些事,其中想必已存在問題。」[10]

> **延伸閱讀**
>
> ## 巴菲特與辛格頓:系出同門
>
> 巴菲特用以管理波克夏的獨特方法,有許多與辛格頓早先應用於泰勒達因的原則如出一轍。事實上,巴菲特可說是辛格頓的翻版,這兩位才能出眾的執行長之間存在著不可思議的相似點,而這些相似點從以下列出的幾點即可獲得印證。
>
> - 身為投資者的執行長:巴菲特和辛格頓都透過組織的規劃,讓自己專注於資本配置,而非營運。他們都認為自己主要是投資者,而非管理者。
> - 分權的營運模式、集權的投資決策:他們的組織都採行高度分權,只在總部配置幾個員工,介於營運公司與管理高層之間的層級就算有也非常少,公司所有主要的資本配置決策都是由他們親自制定。
> - 投資理念:巴菲特和辛格頓都把重心放在他們相當熟悉的產業,而且偏好只集中投資於少數幾個公開發行證券的投資組合。

- 投資人關係的因應方式：他們都不為分析師提供季度預測，也不出席會議。他們提供詳實的年報，其中包含各事業體的詳細資訊。
- 股利：泰勒達因在前二十六年，是企業集團中唯一沒有發放股利的集團；波克夏則是從未發放股利。
- 股票分割：泰勒達因是 1970 與 1980 年代的許多時期，紐約證交所最高價的股票；巴菲特則是從未分割過波克夏的 A 股。
- 高持股比例：辛格頓和巴菲特對其公司股票的持股比例都相當高（辛格頓持有 13%；巴菲特持有 30%以上）。他們擁有企業主一般的思維，因為他們就是企業主。
- 保險子公司：辛格頓和巴菲特都認為保險公司的「可運用資金」具有創造公司價值的潛力，而對這兩家公司來說，保險都是最龐大且最重要的事業。
- 餐廳的比喻：著名投資家菲利普·費雪（Phil Fisher）曾經把公司比喻做餐廳——長期下來，透過政策與決策的組合（菜餚、價格和氣氛的組合），選擇了特定的客戶。如果以此標準來審視，巴菲特和辛格頓都是有意經營非常獨特的餐廳，此餐廳長期下來，吸引了志同道合的老顧客（長期投資的股東）。

第 3 章

現金是最強大的武器
▸▸ 比爾・安德斯與通用動力公司

> 愚蠢的堅持是狹隘的思維在作祟。——拉爾夫・沃爾多・愛默生（Ralph Waldo Emerson）

冷戰時期國際緊張與焦慮的象徵——柏林圍牆，在1989年、矗立近三十年後倒塌了。隨著柏林圍牆的倒塌，美國國防產業的長期商業模式也跟著瓦解。由於此產業傳統上相當仰賴飛彈、轟炸機等大型武器系統的銷售，而這些武器系統又是美國二戰之後軍事策略的支柱，因此，當實施數十年的蘇聯圍堵政策在一夕之間廢止時，整個產業頓時陷入了混亂。長期被視為退休將領溫馨聯誼會的國防產業，不得不在此遽變中倉促轉型。柏林圍牆倒塌後六個月內，主要國防類股指數下跌了40％，其中有一家公司特別不被看好。

通用動力公司一直是美國國防產業的先驅，其歷史可追溯至19世紀晚期，長期以來為美國國防部提供主要的武器，包含飛機（包括二次大戰期間著名的B-29轟炸機，以及現代空軍的主要作戰工具：F-16戰機）、船艦（主要潛艇製造商）和陸面車輛（坦克車和其他戰鬥車輛的主要供應商）。多年來，通用動力公司已將業務觸角延伸至飛彈、太空系統以及一些非國防事業，包括西斯納（Cessna）商用機與營建材料。然而，1980年代，聯邦調查人員發現該公司高層濫用公司專機與其他額外的補貼，使通用動力的聲譽嚴重受創。

1986年，通用動力聘請了國防部聲譽卓著的史丹・佩斯

（Stan Pace）擔任執行長。佩斯改善了通用動力與參謀首長聯席會之間的關係，然而通用動力的營運卻陷入停滯，而且在 1990 年，通用動力還得知其最大的飛機研發計畫 A-12 可能被迫取消。1991 年 1 月，通用動力的新執行長上任時，公司的負債達 6 億美元，現金流量為負數，已瀕臨破產。公司當時的營收為 100 億美元，市值卻只剩下 10 億美元。根據高盛（Goldman Sachs）國防分析師朱蒂・布林傑（Judy Bollinger）的說法，這間公司簡直就是「慘中之慘」，是此沒落產業中評價最差的公司。[1]

換句話說，這是一段整頓的時期。陷入財務困境的公司通常會聘請「重整顧問」來整頓公司，這些顧問會在空降之後開始削減成本，與貸款人及廠商協商，希望趕在進行至下一個任務之前，盡快把公司賣掉。這些聘請來的槍手傾向忽視長期的問題（例如文化、資本投資與組織結構），只專注於短期的現金需求。整頓中的公司通常可以成功產出具有吸引力的短期報酬，最終往往會賣給大型公司，而此過程好比是在抽還有一口可吸的菸屁股。

處於整頓時期的公司通常無法在調換多位執行長的情況下，長期維持高獲利，然而通用動力公司卻辦到了。通用動力公司的故事告訴我們，非典型執行長使用的方法一定存在某些關鍵要

素,這些關鍵要素即使是在產業陷入極度混亂的情況下,也能發揮作用。

太空人出身的執行長

一切都得從 1991 年 1 月,比爾‧安德斯接任通用動力的執行長時開始說起。當時,適逢 1990 年早期波灣戰爭之後最嚴重的空頭走勢。安德斯可不是一位普通的執行長。在加入通用動力之前,他擁有非常出色且不同凡響的經歷:他在 1955 年取得海軍軍官學校電機工程學位後,於冷戰期間擔任空軍戰鬥機飛行員,1963 年又取得核子工程進階學位,並且從幾千人當中脫穎而出,成為十四位獲選加入美國航太總署精英太空人團隊的一份子。

安德斯是 1968 年阿波羅八號任務的登月艙駕駛員,他當時拍攝的經典照片〈地出〉(Earthrise),後來登上了《時代》、《生活》(Life)和《美國攝影》(American Photography)雜誌封面。某位頂尖的國防分析師認為,這些早期的成就賦予了安德斯勇於冒險的精神:「完成繞行月球軌道的任務之後,平凡的商業問題根本難不倒他。」

他離開美國航太總署時官拜少將，並獲提名成為美國核能管理委員會（Nuclear Regulatory Commission）首任主席，之後曾短暫出任駐挪威大使，這些都是他在四十五歲以前的經歷。他是美國國防部相當敬重的知名人物，離開公職之後，他加入了奇異公司，在那裡接受奇異公司的管理方式培訓，與傑克‧威爾許是同時期的人物。對於那個時期，他曾形容說：「奇異公司有一群很出色的經理人，他們就像是很棒的游泳教練……只不過他們偶爾也會試著把你淹死。」[2]

後來，在 1984 年，安德斯應聘前往企業集團先驅德事隆公司負責商業營運事務。這是一段令他沮喪的經歷。他個性獨立，常常反向操作，說話喜歡直接切入重點，而且不認同德事隆混雜一堆龐雜又不甚突出的事業體，也不認同公司的科層結構，所以時常和德事隆當時的執行長起衝突。

1989 年，他在一場同業公會的會議中，認識了通用動力的一位資深主管。後來，當通用動力邀請他先去擔任一年的副董，之後再接任執行長時，他立刻把握了機會。在擔任副董的過渡期間，他慢慢熟悉公司的事業與文化，並在貝恩策略顧問公司（Bain & Company）的協助下，研究了國防產業在龐大國防支出乍然削減的時代，必須因應的巨大變化。他在這一年的研究中做

足了準備,所以一上任執行長便立刻進入狀況。

儘管安德斯是本書探討的執行長中年紀最大的一位,也是唯一在五十多歲才接任此職務的一位,不過,在接任通用動力的職務之前,他在私人企業只有十年的工作資歷,而他的觀點依然非常新穎。

傳統上由工程師和退休軍官管理的國防產業,感覺就像是俱樂部或兄弟會。既是工程師又是退休將軍的安德斯擁有獨特的背景,能夠剷除產業的舊思維,而他提出的結論(及後續的行動)徹底震撼了舒適愜意的國防產業。

他為通用動力公司制定的整頓策略是以以下核心策略觀點為根基:冷戰結束後,國防產業的產能明顯過剩。因此,安德斯認為,產業內的公司必須積極縮小業務規模,或是透過收購擴大規模。在此新環境存在著合併者與被合併者,而所有的公司都必須趕緊想清楚自己所屬的陣營。安德斯把他的策略概括地敘述在他最初的年度與季度報告中,並積極落實。

此策略是以三項關鍵原則為基礎:

1. 安德斯借用他的前奇異公司同事威爾許的想法,認為通用動力只應投入其在市場上排名第一或第二的事業。(這和

同時期的鮑威爾主義非常相似。鮑威爾主義主張美國只參加穩操勝算的戰事。）
2. 公司將退出獲利率過低的商品事業。
3. 公司將專注於其熟悉的事業，但要特別留意那些長期難以掌握、不知能否從中獲利的國防產業公司。

通用動力將退出不符合上述策略標準的事業。

此外，安德斯認為，通用動力必須全面革新公司的文化。他在成為執行長之前，曾與高階主管進行徹底的面談，結果發現公司內部存在著根深蒂固、以工程為重心的思維，一直把重心放在研發「更大、更快、更致命」的武器，與奇異公司形成強烈的對比。安德斯積極矯正此思維，並強調資本報酬率等指標的重要性。

他還認為，營運必須大幅簡化，才能產出最佳的利潤。他需要一個新團隊來協助他完成此任務，於是便迅速展開部署。他所採取的第一個步驟，是提拔吉姆·梅勒（Jim Mellor）擔任總裁暨營運長。梅勒曾管理過通用動力的造船事業，並繳出漂亮的成績單，如同安德斯告訴我的：「他是那種會追蹤每一分錢的流向且會究責到底的人。」安德斯和梅勒在 1991 年上半年，聯手撤換

掉公司二十五位高階主管中的二十一位。

除了新營運人才之外，安德斯還提拔金融奇葩哈維・凱布尼克（Harvey Kapnick）擔任副董，並開始仰賴具有才幹的尼克・查拉加（Nick Chabraja），請他協助處理整頓時期的各種法務及策略工作。部署好團隊後，他分秒必爭地落實了一項特別的重整計畫。

把庫存與資產換成現金

安德斯的任期（一共只有三年）基本上可以分為產出現金和部署現金這兩個階段，在每個階段，通用動力採用的方法都別具特色。

我們先從產出現金開始談起。當安德斯和梅勒開始落實他們的計畫時，通用動力處於超貸的情況，現金流量為負數。不過，在往後的三年，通用動力產出了 50 億美元的現金。之所以產出如此驚人的現金流量，主要是因為公司嚴格控管營運，並出售安德斯策略架構下的非核心事業。

在營運方面，安德斯和梅勒發現，公司之前在庫存、資本設備和研發方面投入過多的資金，於是趕緊把投資過多的項目排

除。在視察 F-16 工廠時，他們發現廠房一週只能製造一架飛機，卻生產了大量昂貴的 F-16 座艙罩（覆蓋駕駛艙的透明玻璃），於是梅勒便訂下最多只能庫存兩個座艙罩的規定。此外，他們還在毗連的坦克車工廠發現了一模一樣的機械設備，這些設備都相當昂貴且未充分利用，於是梅勒便將這些廠房加以合併。他們還發現，工廠的經理保留過多庫存，而且在要求提撥資金之前，都沒有事先計算投資報酬率。

此情況在梅勒的督導之下很快就改善了。接著，他和安德斯毅然決然著手創造以報酬率為重的文化，尤其是現金資本報酬率。該公司長期擔任主管的雷・劉易斯（Ray Lewis）曾經說過：「現金資本報酬率成為公司內部的關鍵指標，我們一直都會記住這項指標。」[3] 國防產業歷來缺乏遠見，只把重心放在營收的成長與新產品的開發，而此做法可說是這整個產業少見的創舉。

重點是，此項新的做法影響了通用動力對政府招標案的投標方式。在安德斯進入公司之前，通用動力和其他同業一樣，總是積極參與各種招標案的投標。安德斯和梅勒則反其道而行，堅持公司只去投標報酬率合理、勝算又高的專案，結果使得投標數量大幅減少，公司的成功率因而提升。長期觀察此產業的分析師彼得・艾瑟瑞堤斯（Peter Aseritis）即如此評論道：「安德斯和梅勒

把焦點轉移到獲利……這在國防產業前所未見。」[4]

在其任期的前兩年，安德斯和梅勒把員工總數裁減了近60%（總部員工則裁減了80%），將總部從聖路易搬遷到維吉尼亞州北部，啟動了正式的資金審核程序，並大幅縮減營運資本的投資。對於這點，梅勒說：「在開頭的前兩年，我們根本不需要花任何錢，只需要把前幾年累積的庫存與資本支出額度用掉就好。」[5]

這些措施產出了多達25億美元的龐大現金，使得通用動力快速成為同業中資產報酬率最好的公司，而此地位一直延續至今日。

資產銷售是通用動力藉以產出高於預期現金的另一個途徑。當梅勒從營運中掙出多餘的現金時，安德斯開始出售非核心事業，並透過收購拓展他最大事業體的規模。有趣的是，當安德斯與同業見面時，他發現這些同業對於買進的興趣更甚於出售。他還發現同業往往願意支付溢價，於是便透過一連串有助於大幅提升公司價值的資產銷售，大幅縮減公司的規模。

這是通用動力公司和國防產業的創舉。在接掌執行長職務的前兩年，安德斯出售了通用動力大部分的事業體，包括資訊技術部門、西斯納飛機部門，以及飛彈與電子部門。

這些出售的資產中規模最大的，是通用動力在市場上具有主

導力的軍用機事業，此出售案對安德斯的策略架構帶來了出乎意料的挑戰，值得我們進一步觀察。事實上，安德斯原本是想要收購洛克希德（Lockheed）較小的戰鬥機部門；不過，洛克希德的執行長不僅拒絕出售，還出了一個很高的價格，想要反過來收購通用動力的 F-16 部門，使安德斯不得不做出重要的決定。

我們最好在此停頓一下，提出一個較概略的論點。本書探討的執行長大部分都會避免制定細步的策略計畫，寧願保持彈性、尋找機會，而安德斯則擁有非常清楚明確的策略眼光，主張出售較弱的部門，並拓展規模較大的部門。在早期的出售非核心事業告一段落後，他把注意力轉向收購，而軍用機部門，也就是公司最大的業務，便成了著手收購的最佳選擇。除了考慮到擴充這個龐大的事業單位所能帶來的經濟效益之外，身為前戰鬥機飛行員和航空迷的安德斯也很熱衷此事業，因此，當洛克希德的執行長提出 15 億美元的天價收購此部門時，安德斯面臨了關鍵的時刻。

結果他當場毫不猶豫地同意賣掉這個事業體（雖然難免有些遺憾），而他的這個決定透露了一些訊息。安德斯做出了合理的公司決策，此決策雖然使公司的規模縮減了一半，也使他再也無法享受搭乘頂尖噴射機的額外補貼（這是他最喜歡的執行長專屬補貼），不過這個決策倒是突顯了本書執行長的某些關鍵特點：

他們都非常理性務實、不妄下定論,而且很有眼光。他們沒有既定的成見。當對方提出對的價格時,安德斯雖然不致於把自己的母親給賣了,卻也毫不猶豫地賣掉了他最喜愛的事業。

出售這些資產在該產業史無前例,因而備受爭議,尤其是在國防部內部;不過,安德斯在軍旅生涯的傑出表現讓他在華盛頓獲得極佳的信任,使他得以順利落實這個極端的行動方針。就像長期觀察國防產業的分析師彼得・艾瑟瑞堤斯跟我說的:「這有點像是長期反共的尼克森開始與中國建立關係:換做是其他人,根本做不到。」[6] 這些出售的資產總共產出了 25 億美元的現金,並為通用動力公司留下兩個擁有市場主導力的事業:坦克車和潛艇。

把收益退還給股東,以求稅務效率

透過出售資產與改善營運產出現金後,安德斯隨即把重心轉向資本配置。由於收購價格居高不下,所以他決定不進行額外的收購,而是把公司大部分的現金退還給股東。為了以最有效率的方式完成此任務,他請哈維・凱布尼克提供建議。

凱布尼克是會計巨擘安達信會計師事務所(Arthur Andersen)

的前任董事長，這位科班出身的律師，對稅法有相當深入的了解，曾經因成功整頓了多元化企業集團「芝加哥太平洋集團」（Chicago Pacific）而聲名大噪。隨著通用動力的現金逐漸增加，他想出了兩種有創意的做法，以極具稅務效率的方式把大部分的現金退還給股東。

首先，凱布尼克發放三次特別股利給股東，這些股利的總金額不到公司股權價值的 50％。由於安德斯已賣掉通用動力極大比率的事業體，所以這些股利屬於「資本報酬率」，不必課徵資本利得稅或普通所得稅。接著，安德斯和凱布尼克宣布了一項高達 10 億美元的公開收購計畫，打算買回公司 30％的庫藏股（和我們之前看到的一樣，買回庫藏股票極符合稅務效率，不像傳統的股利發放必須對公司和個人課稅）。

這些措施非常特別，值得再次強調：在三年不到的時間，安德斯已經將營運大幅地簡化，賣掉公司半數以上的資產，並產出了 50 億美元的收益，而且，他沒有把這些現金重新部署至研發或新的收購，而是以符合稅務效率的方式，把大部分的現金退還給股東。這每一項的措施都可說是國防產業史無前例的創舉。

真的非常少有公開上市的公司會有系統地縮減事業的規模，就如安德斯為此作總結時所說的：「大部分的執行長都是以規模

和成長來給自己打分數⋯⋯很少有執行長真正把重心放在報酬率。」而且，除了本書提到的執行長以外，也很少有公司會有系統地以特別股利或買回庫藏股的方式，把收益退還給股東，而結合這兩種方式的做法更是幾乎沒聽說過，尤其是在相當傳統的國防產業。

這一連串突如其來且引人注目的動作震驚了華爾街，使得通用動力公司的股票急速飆漲。這家公司也引起華倫・巴菲特的注意。巴菲特觀察到，在安德斯的領導下，通用動力持續出脫資產，並且將重心放在公司的資本配置策略，於是便在1992年，以平均每股72美元的價格，買下通用動力16%的股票。值得注意的是，他還給予安德斯在波克夏的代理投票權，此職務有助於安德斯落實他的策略。

1993年6月，安德斯在他規劃的任期結束後交棒給梅勒，並離開了公司（安德斯離開後，巴菲特因為股票報酬可觀而賣掉了他的股份；不過，當初的這項決定至今仍令他懊悔不已）。安德斯擔任了董事長一年後宣布退休，前往西北部一座僻靜的小島養老。他篤信海軍的繼任模式，亦即退休的艦長因為怕影響繼任者的權威，所以會避免回到他們的艦艇，他很得意地告訴我，他從1997年至今，只跟梅勒的繼任者尼克・查拉加講過一次話。

吉姆‧梅勒也是工程師出身,在1981年加入通用動力之前,曾任職於休斯飛機公司和立頓工業。他最後接掌了公司的造船部門,協助公司鞏固此事業在市場上的主導地位,並因和安德斯志趣相投,吸引了安德斯的注意,而成為他屬意的副手與繼任者人選。

安德斯離開後,梅勒接下了執行長職務,繼續把重心放在優化營運與銷售僅剩的非核心部門,包括太空系統事業體;然而,在1995年,他開始發動攻勢,以4億美元收購了國內海軍艦艇製造龍頭巴斯鋼鐵廠(Bath Iron Works)。此收購案具有重大的象徵意義,形同向員工和國防部表明通用動力已做好再次成長的準備。梅勒曾表示:「巴斯鋼鐵廠的收購案終止了公司將遭全面清算的謠言」。[7] 1997年,梅勒已屆退休年紀,於是便交棒給尼克‧查拉加。

查拉加畢業於西北大學法學院,曾於頂尖芝加哥律師事務所「任納與卜洛克律師事務所」(Jenner & Block)負責公司法業務近二十年,於經濟動盪的1980年代與通用動力公司合作,並於安德斯上任後,成為通用動力的主要顧問。安德斯很快就察覺到他的潛能,形容他為「我所見過最有效率且最講求實際的律師」。1993年,查拉加加入通用動力,擔任首席法律顧問暨資深

副總,並成為最被看好的梅勒接班人。

查拉加當上執行長後,為自己設下遠大的目標,其中一項具體的目標是在前十年的執行長任內,讓公司的股價翻漲4倍,這相當於15%的年化報酬率。他回顧標普500指數過去的記錄後,發現這是一個很難達成的目標:在此之前的十年期間,所有《財星》五百大企業中,達到此基準的不到5%。查拉加冷靜地審視公司未來十年的發展前景後斷定,他可以透過市場成長和改善營業利潤率達成目標的三分之二,其餘的則得靠明顯背離安德斯策略架構的收購來達成。

查拉加的收購策略相當特殊,起初是著重於與現有事業體相關的小規模收購,轉移了公司的資本配置重心,如同他所說的:「我們的策略一直是積極找尋與公司核心事業體直接相關的標的⋯⋯把我們的產品線拓展至其他相關領域。」[8] 在他上任的第一年,他買下了十二家小公司。

雷・劉易斯如此描述此方法:「就是在我們熟悉的市場一次取得一小塊。」[9] 這些大幅推升公司價值的收購計畫,最終帶領通用動力進入快速成長的軍事情報技術市場,而軍事情報技術更於2008年成為通用動力最大的事業單位。此外,查加拉的收購計畫也促使通用動力的坦克部門成功推出史崔克裝甲車(Stryker),

第3章 ｜ 現金是最強大的武器　109

並促使在潛水艇建造市場上長期保有領先地位的海軍裝備事業群，開始建造更多水面艦艇。

不過，查拉加任內最大的成就，則是在1999年對全球商務噴射機最大製造商「灣流航太公司」（Gulfstream）進行大規模收購，通用動力為此次的收購砸下50億美元，相當於通用動力企業價值的56%，可說是拿整個公司當賭注。

此交易不僅支付高額的金額，也與安德斯「只把重心放在國防產業」的策略背道而馳，在當時廣受批評；不過，這筆交易與此核心策略其實並沒有背離太遠。灣流航太在長期成長趨勢樂觀的商用機產業領先群倫，過去曾由私募股權投資公司佛斯特曼利得公司（Forstmann, Little）經營五年，在新產品開發的投資上已落後市場。

通用動力長年擁有西斯納公司，並為美國空軍建造飛機多年，故在商用機與軍用機的營運方面，累積了相當豐富的管理經驗，而查拉加認為他可以利用這項專長促使灣流航太公司大幅成長。他還認為商用機事業可讓公司的營運更加多樣化，有助於抵抗國防支出的波動。此後公司的收益證明他的想法很有道理——在過去幾年，隨著國防支出力道減緩，灣流公司日益成長的營運為通用動力提供了強大的抵禦力，使其不受國防支出波動的影響。

圖 3-1　通用動力 —— 三位執行長的輝煌記錄

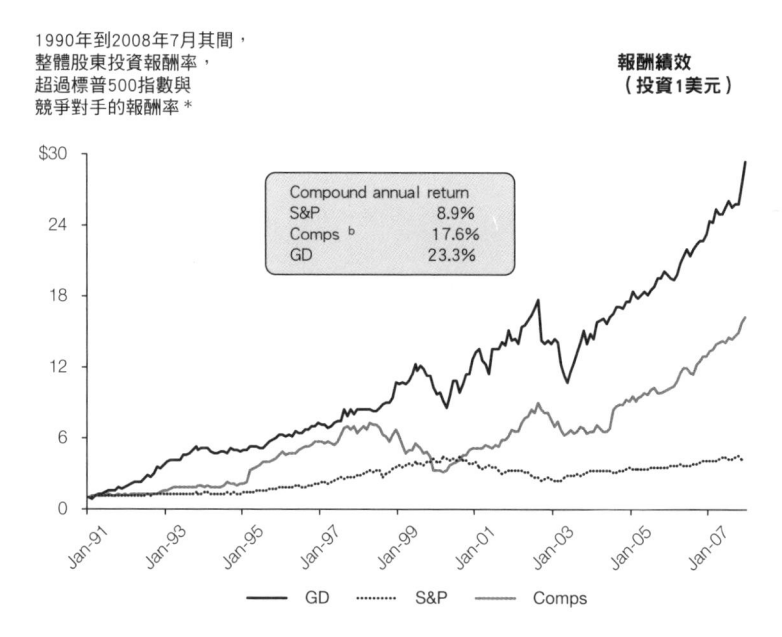

1990年到2008年7月其間，
整體股東投資報酬率，
超過標普500指數與
競爭對手的報酬率 *

報酬績效
（投資1美元）

Compound annual return
S&P　　　　 8.9%
Comps b　　17.6%
GD　　　　23.3%

—— GD　······ S&P　—— Comps

資料來源：證券價格研究中心（CRSP）及通用動力年報
* 已考慮股票分割與股利發放。
** 比較的同業包括洛克希德馬丁公司（Lockheed Martin，LMT）與諾斯洛普格拉曼公司（Northrop Grumman）。比較的依據為截至 1991 年 1 月 1 日為止的股東權益加權平均市值。

在此有必要做出一個大致的論點：情況會改變，而決定你是不是成功掌門人的最終關鍵，在於你能不能打好手中的牌。查拉加和安德斯雖都擁有理性的思維，不過他們的行動是根據各自的情況而異，時代不同，合理的措施也就不同（查拉加任期內實施

的是收購措施,安德斯任期內實施的則是撤資措施,不過兩人都對買回庫藏股相當熱衷)。

查拉加在 2008 年中卸任時,已顯著超越他當初設下的高報酬目標,因此我們不禁要問:這三位執行長的整體報酬率究竟如何?相較於同業和威爾許的高標準,他們的表現如何?由圖 3-1 可以看出,從安德斯 1991 年 1 月上任至查拉加 2008 年 7 月離職的十七年半期間,安德斯和他欽點的兩位繼任者繳出了漂亮的成績單,為通用動力產出 23.3％年化報酬率,優於標普 500 指數的 8.9％及同業的 17.6％。

如果在安德斯接任時投資 1 美元,十七年後,這 1 美元將會變成 30 美元;同樣的 1 美元如果投資於同業指數,則會變成 17 美元,如投資於標普 500 指數,則會變成 6 美元。這三位執行長超越了威爾許的成績,是標普 500 指數的 6.7 倍、同業的 1.8 倍。

如今的通用動力與安德斯卸任時已是明顯不同的面貌,不過安德斯的基本原則依然奉行至今。通用動力目前在每個事業體仍保有市場領先地位,擁有業界最高的利潤率與資產報酬率,資產負債的狀況也十分良好。2007 年底,查拉加指定傑・強森(Jay Johnson)接任他的職務。強森擁有相當出色的資歷:他曾是史上最年輕的美國海軍作戰部長,在成為通用動力副董暨指定接班人

之前,曾擔任過電廠巨擘維吉尼亞多米尼電廠(Dominion Virginia Power)的執行長。只不過,他所接下的是一個難以超越的記錄,面對不確定的未來,他將得一肩扛起維持公司優異記錄的重責大任。

與此同時,比爾・安德斯已在華盛頓州的聖胡安(San Juans)的一座偏僻小島上展開活躍的退休生活。他在西雅圖郊外創立了廣受好評的航空博物館,年逾古希還在開飛機。儘管早已退出營運核心,但手中仍然持有公司的股票。

打造高績效,非典型執行長做對什麼?

▌薪資跟著績效走

通用動力產出優異報酬的關鍵,是在人力與資本配置方面採用了非常有效的方法(而且就國防產業的標準而言是相當特殊)。在營運方面,安德斯和他的繼任者都把重心放在兩大優先事項上,分別是:組織分權,以及根據績效調整管理階層的薪酬。

在國防產業,許多執行長都擁有軍事背景,因此集權、官僚的組織結構便成為此產業的傳統特色;不過,在安德斯和其兩位

繼任者的帶領下，通用動力公司採行的是不同的組織策略。1990年代早期，隨著營運成本緊縮、總部大幅縮編，安德斯和梅勒開始積極推行分權管理，把責任向下延伸，並廢除中階管理職務。這項分權措施在查拉加任內不僅繼續實施，更大幅延伸實施範圍。

到了查拉加任期結束時，公司的員工比安德斯剛上任時多，但總部的人力卻只有原本的四分之一。執行長與各利潤中心總管之間的配置，從原本的四位縮減至兩位。總部的所有人事、法務及會計人員都被汰換或轉調至營運部門，刻意降低總部對營運部門的干涉，如同查拉加所言，這麼做是為了防止總部「把營運部門耍得團團轉」。營運主管必須負責（以查拉加的說法是「確實負責」）達成預算目標，如有達成，上級就不會干涉他們。[10]

從安德斯開始，通用動力也開始推行基於績效的薪資制度。1990年早期，安德斯體認到，他需要提供優渥的薪資條件，才能吸引新的經理人來工作。他原本想要建構一個傳統的認股計畫，不過董事會告訴他，股東對於他上任前幾年公司股價的疲弱表現相當不滿，不可能同意公司推行此計畫。然而，安德斯想要兼顧經理人與股東的權益，於是便針對能讓股價穩定成長的經理人，研擬了一套薪酬獎勵計畫。

此計畫後來衍伸出一個問題：由於華爾街開始了解這項特殊計畫的效果，故在此計畫實施後不久，通用動力的股價便快速上漲，管理階層也很早就獲得數目可觀的獎金，這件事馬上被媒體拿來做文章，使得此計畫飽受爭議。不過，即便如此，通用動力仍然繼續推行基於績效的薪酬獎勵計畫，如今，獎金與認股權仍是通用動力經理人薪資的重要部分。

實行帶有機會主義色彩的策略

　　在安德斯及其繼任者的領導下，通用動力公司的資金籌募與配置方法和國防產業的其他同業大相逕庭。由於安德斯在早期採行了撤資措施，並且持續創造穩定豐沛的營運現金流量，所以通用動力並不需要大量運用財務槓桿，也不需要發行股票，只有一次例外。

　　不過該次的例外有助於說明資本配置的重要性。查拉加任內最重要的事件是收購灣流航太公司，而他是怎麼支付這筆金額龐大的交易呢？他採用的方法具有機會主義的色彩，而且相當不尋常：查拉加賣掉了許多股票，這與安德斯的計畫背道而馳。這似乎是一項會導致股權遭到稀釋的措施，不過，若是近一步檢視，

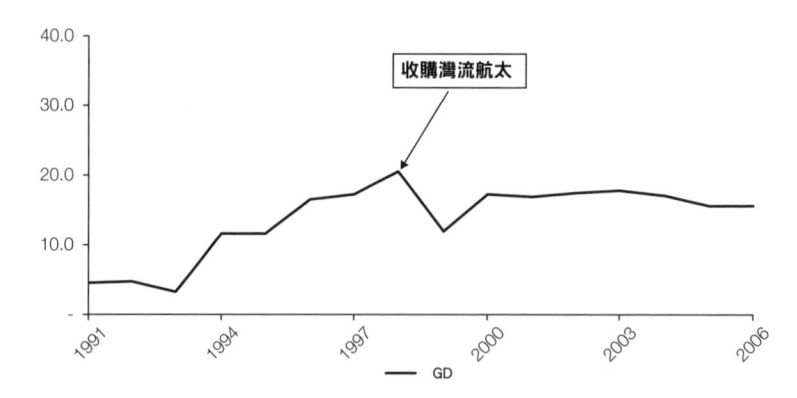

圖 3-2 本益比──根據該年的平均本益比

[圖表：GD 公司 1991–2006 年本益比走勢，標註「收購灣流航太」於 1998 年附近高點約 20 倍]

資料來源：證券價格研究中心（CRSP）及通用動力年報

就不難看出此措施的厲害之處（且與安德斯的原則密切相關）。

如圖 3-2 所示，當時公司的股價正創歷史新高──與巴菲特大規模收購通用再保公司（Gen Re）時沒有什麼兩樣，巴菲特當時也是以創紀錄的溢價股票執行收購。

查拉加在接受採訪時說道：「我之所以這麼做是因為體認到，當時的股價已飆升至隔年預估盈餘的 23 倍，遠高於 16 倍的歷史平均數字。如果換做是你，你會怎麼處理高價的股票？當然是拿它們去收購在相關領域本益比較低的優質資產，然後從中套利。」[11]

如同雷・劉易斯作的總結：「查拉加賣掉相當於公司三分之

一的股票,去收購一家為我們提供一半合併營運現金流量的企業。」[12]

與安德斯出售公司的 F-16 部門一樣,查拉加出售股票的做法突顯出一個重點:最優秀的資本配置者相當務實、具有機會主義色彩且靈活。他們不會被觀念或策略束縛住。1999 年,查拉加發現了一個千載難逢的機會——利用唯一便宜的貨幣促使公司成長與多元化——於是便掌握了這個機會,為他的公司大幅提升獲利。

和同業相反的策略

那麼,這三巨頭究竟是怎麼運用這些現金呢?

說到資本配置,安德斯與其繼任者制定的決策一直以來都與主要的同業不同(而且往往差異甚大)。同業在大肆收購的時候,安德斯在積極出售資產。他沒有進行收購,資本支出極少,精明地利用股息與買回庫藏股,對於國防產業來說,這兩項都是很新的做法。

在安德斯廣泛執行縮小公司規模的行動之後,梅勒在資本配置方面的主要貢獻是重啟收購大門,於 1995 年執行巴斯鋼鐵廠

的龐大交易，並延續安德斯精簡股利發放與資本支出的方法。查拉加的資本配置策略和安德斯一樣別具特色：資本支出明顯少於同業，發放的股利也比同業少，並投入大量資源，執行收購和零星的庫藏股買回。

這幾次買回庫藏股的報酬都相當可觀，整個期間的平均報酬率達 17%。三位執行長都致力於買回庫藏股，其中又以安德斯和查拉加最為積極。如同我們所看到的，安德斯（在凱布尼克的協助之下）於 1992 年提出要約，並且買回公司 30% 的庫藏股。

有趣的是，查拉加也積極買回通用動力的庫藏股。儘管他學的是法律，他的思考方式卻像個投資人。他持續比較通用動力的股價與其內含價值，若是發現兩者出現落差，他就會積極採取行動。雷・劉易斯對查拉加任職時期的描述是這樣：「當我們認為，我們可以趁市場錯估公司股價來撿便宜時，我們就會大量買回庫藏股。」[13]

安德斯和查拉加的個性都是相當暴躁，不過兩人都勇於突破，而且都無法忍受笨蛋（在這群非典型的經營者之中，並不只有他們是這樣）。他們對待華爾街分析師的態度，與美式足球教練比爾・帕索斯（Bill Parcells）對待記者的態度差不多，都是近乎不屑。他們實在看不出巴結分析師有任何好處。華爾街或許無

法完全理解他們的強硬態度，不過通用動力的股東一定能夠理解。

> **延伸閱讀**
>
> ## 最真誠的恭維
>
> 如果說模仿是最真誠的恭維，那麼通用動力便是獲得同業一個重大的恭維，這個恭維是來自國防產業巨擘暨戰鬥機與導彈系統製造龍頭「諾斯洛普格拉曼」（Northrop Grumman）。自1990年代早期起，諾斯洛普格拉曼的股價表現是大幅落後通用動力公司。
>
> 2009年，韋斯‧布希（Wes Bush）接任執行長，並宣布一項重大的策略變革，此變革的重點包括：出售非核心資產、強調報酬率與買回庫藏股，以及大幅縮減總部人力。這聽起來是不是很熟悉呢？
>
> 就像一位華爾街分析師所言：「諾斯洛普格拉曼採取的這些措施⋯⋯讓人想起通用動力在1990年代早期執行的變革⋯⋯而且和國防企業的典型做法相差甚遠。國防企業過去往往過分強調營收成長⋯⋯通用動力在過去二十年，已大幅超越其他持續追求規模成長的國防企業。」
>
> 自布希宣布這項新策略並且開始實施之後，諾斯洛普格拉曼

的公司股價開始大幅上漲。如今,在截然不同的外交政策氛圍之下,安德斯的方案仍與它在柏林圍牆倒塌時實施的同樣有效且健全。

第 4 章

擁抱規模優勢
›› 約翰・馬龍與 TCI

> 無論如何,算術法則還沒被否決。——約翰・馬龍
>
> 好運是設計的剩餘物。——布蘭奇・瑞基(Branch Rickey)

在1970年,服務麥肯錫顧問公司多年的約翰・馬龍,已具備洞察產業先機的能力,而馬龍對於有線電視事業的喜愛,隨著他對此事業的了解與日俱增。這個產業有三項特點特別吸引他,分別是:(1)高度可預測且媲美公用事業的營收、(2)易避稅,以及(3)猶如野草般強勁的成長力道。在麥肯錫的這些年,馬龍從未看過同時具備這些特點的事業,因此很快便萌生了朝有線電視產業發展的念頭。

有線電視產業兼具高成長與可預測的特點尤其吸引他。1960年代至1970年代早期,美國鄉村居民渴望享有更好的電視收訊,以收看他們喜愛的頻道與節目,這促使了有線電視產業快速成長,訂戶數增加逾20倍。有線電視是每月付費,而且很少斷訊,所以有線電視產業具備高度可量化的特性,經驗豐富的經營者能夠極精準地預期用戶的成長及獲利能力,而此特點與馬龍那極重視量化的背景近乎完美地契合。以知名作家諾曼・梅勒(Norman Mailer)的話來說,這就好像是超人來到了超市。

寧願付利息,也不要繳稅

1941年,馬龍出生於康乃狄克州的米爾福德,父親是研發工

程師，母親曾擔任教職。馬龍的父親為了巡視奇異公司的廠房，一週有五天都得出差，馬龍相當崇拜他。在青少年時期，馬龍便展現機械天分，靠著修理買來的二手收音機再轉賣賺取零用錢。高中時期的他很擅長運動，在劍術、足球和徑賽方面表現優異。之後他畢業於耶魯大學，取得經濟和電機工程雙學位，不久之後便迎娶高中時期的戀人萊斯莉。

自耶魯畢業後，馬龍在約翰霍普金斯大學取得作業研究碩士及博士學位。他主修的兩個學術領域——工程與營運——都具有高度量化的特性，而且都聚焦於最佳化、盡量降低「干擾」以及盡量增加「輸出」。事實上，我們可以把馬龍後來的整個職業生涯視為超高效價值工程（value engineering）、最大化股東價值與最小化其他來源（包括稅務、經常費用與法規）雜音的延伸運作。

取得博士學位後，馬龍在 AT&T 的著名研究機構「貝爾實驗室」（Bell Labs）找到了一份工作。在那裡，他專注投入獨占市場最理想策略的研究。在建立大量的財務模型後，他得到了這個結論：AT&T 應該增加負債水準，並透過買回庫藏股積極減少股票市值。這項違背傳統的建議經 AT&T 董事會禮貌性地接受之後，立刻被束之高閣。

幾年之後，馬龍覺得自己與AT&T的官僚文化格格不入，於是便跳槽至麥肯錫顧問公司。但在進入新公司之後才發現，他一週得出差四天，在《財星》五百大企業之間奔波往返，而他已跟太太保證過，他不會和他父親一樣三天兩頭出差。於是，當他的一位客戶「通用儀器」（General Instrument）邀請他去經營其旗下成長快速的有線電視設備部門「傑洛德」（Jerrold）時，他立刻把握了機會。當時他二十九歲。

在傑洛德，馬龍積極與主要的有線電視公司培養關係，兩年之後，他同時接獲了兩家大公司經營者的職務邀約，分別是華納傳播公司（Warner Communications）的史帝夫・羅斯（Steve Ross）與電訊傳播公司（Tele-Communications Inc.，TCI）的鮑勃・麥格尼斯（Bob Magness）。儘管麥格尼斯提供的薪資比羅斯少60％，他還是選擇了TCI，因為麥格尼斯給他較多的股票，而且，相較於步調快速的曼哈頓，他太太也比較喜歡安靜的丹佛。

馬龍加入TCI時，TCI已因長期積極追求成長而瀕臨破產。鮑勃・麥格尼斯在1956年成立TCI，以抵押自己房子借來的錢，支付了他在德州孟菲斯的第一個有線電視系統。麥格尼斯之前是棉籽巡迴推銷員兼牧場經營者，在搭便車推銷時得知了有線電視產業的運作情形，而且和十五年後的馬龍一樣，馬上發現了這個

產業吸引人的獲利特點。對於此產業的易避稅特點，麥格尼斯更是非常快充分理解。

精明的有線電視業者懂得透過舉債建設新系統，並積極提列建設成本折舊費用來避稅。這些可觀的折舊費用既可降低應課稅收入，又可降低舉債的利息支出，導致營運良好的有線電視公司雖然擁有相當健全的現金流量，財報上卻很少顯示淨收益，因此幾乎不需繳稅。當時的有線電視業者只要舉債購買或建設更多的系統，並提列新收購資產的折舊費用，就可以一直留住現金。麥格尼斯比別人早先一步參透這些特點，因此積極使用槓桿建構他的公司，他的名言是：「寧願付利息，也不要繳稅。」

TCI 在 1970 年上市，1973 年馬龍加入時，已成為國內第四大有線電視公司，擁有六十萬訂戶。TCI 當時的負債高達營收的 17 倍，因此麥格尼斯認為，他需要聘請更多的管理人才，來帶領公司進入下一階段的成長，經過漫長的邀約之後，他好不容易請到了這位麥肯錫出身的優秀青年。馬龍相當多才多藝，不僅擁有優異的分析能力、金融知識、技術知識，還具備過人的膽識。不過，他的任期是在顛簸中展開的。

1972 年底，有線電視股票交易熱絡，於是 TCI 便規劃額外的公開發行，以支付部分債款；然而，在馬龍上任後幾個月內，政

府在業界毫無預警的情況下,丟出了新法規震撼彈,使得有線電視股市的交易瞬間降溫,迫使 TCI 暫停發行計畫,陷入無力償債的困境。

1973 至 1974 年發生阿拉伯石油禁運,使得流動資產瞬間蒸發,整個產業岌岌可危,而 TCI 與其新上任的三十二歲執行長背負的債務,又比其他同業多出許多,已處於破產邊緣。馬龍曾以「比狗屎還不如」如此直率的話語,來評估他剛上任的情形。[1]

馬龍拿到很差的牌,在接下來的那幾年,他和麥格尼斯試著不讓債主找上門,努力拯救瀕臨破產的公司。他們持續與銀行家見面。在一次氣氛特別緊張的貸款人會議中,馬龍把他的鑰匙丟在會議桌上,只說了:「你們如果想要這些系統,就拿去吧,」便走出會議室。這些驚慌的銀行家最後終於態度軟化,同意修改 TCI 的貸款條件。

在此期間,馬龍在公司落實了一項新的財務與營運原則。他告訴他的經理人,如果他們可以讓訂戶每年成長 10% 並維持利潤,他就不會干涉他們。從這幾年開始,TCI 內部培養出充滿創業家精神的儉樸文化,此文化從總部延伸至營運單位,遍及了全公司。

棄「每股盈餘」如敝屣

當時的有線電視產業正在重新定義美國媒體的樣貌，而身為產業龍頭的 TCI，其總部看起來卻完全沒有產業龍頭總部應有的樣子。TCI 的辦公室相當簡樸，總部只配置少數幾位主管，祕書的人數更少，塑膠地板上擺放的是金屬已生鏽剝落的辦公桌。公司只有一位接待人員，電話是採用自動化語音服務。TCI 的主管出差時，都會住在同一家旅館，而且通常會選擇汽車旅館。營運長施帕克曼（J.C. Sparkman）回憶道：「出差時若是住在假日酒店（Holiday Inn），對當時的我們來說，已算是難得的奢侈。」[2]

馬龍把自己定位為投資人和資本配置者，把日常營運事務交給長期擔任其副手的施帕克曼處理。施帕克曼透過嚴格的預算編制程序管理公司廣布的營運部門，他期望經理人達到他們的現金流量預算目標，而空軍軍官出身的他是以軍紀般嚴格的標準來執行這些目標。營運單位的經理只要達到他們的業績目標，就能擁有高度自主權，未達每月預算目標的內部經理會時常被前往各處巡視的營運長約談，績效欠佳的經理則會很快被汰換掉。

延伸閱讀
大廈情結

建造豪華的新總部大樓與投資人的報酬之間明顯存在逆向的相互關係。舉例來說，過去十年間，紐約時報（The New York Times）、IAC 與時代華納（Time Warner）這三家媒體公司都在曼哈頓斥資建造了豪華度媲美泰姬瑪哈陵的總部大廈。在此期間，這幾家公司中，沒有一家執行過大規模的庫藏股買回，也沒有一家擁有打敗市場的獲利；反觀本書這些非典型的執行長，他們之中沒有一位建造豪華的總部。

如此節省用度，使得 TCI 長期擁有業界最高利潤，是投資人和貸款人心目中「表現優於承諾」的公司。若是從 TCI 早期的分析師報告開始翻閱，便可發現這家公司每季的現金流量與用戶數持續維持在稍高於預期的水準。

到了 1977 年，TCI 終於成長至一定的規模，能夠吸引保險公司組成的財團提供成本低於銀行的貸款。在負債水準趨穩之後，馬龍終於能夠主動出擊，落實他為 TCI 設計的策略。此項策略與傳統做法背離甚遠，是根源於自他加入公司便開始萌發的核心策略觀點。

工程師出身又凡事追求完美的馬龍很早便明白，要在有線電

視事業創造價值的關鍵,在於最大化財務槓桿及其對供應商(尤其是節目編製公司)的議價能力,而這兩項因素的關鍵都是「大規模」。這是一個看似有力的簡單觀點,也是馬龍全心全意追求的目標。如同他在 1982 年對 TCI 的長期投資人大衛・瓦果所說的:「有線電視事業未來的獲利能力與成功關鍵,在於其能否運用大規模的優勢去控制節目成本。」[3]

支付給節目編製公司(HBO、MTV、ESPN 等)的費用,是有線電視系統成本的最大類別,占總營業費用的 40%。較大規模的有線電視業者能夠洽談到較低的每用戶節目編製成本,擁有的用戶數愈多,每用戶節目編製成本愈低(現金流量則愈多)。折扣會隨著規模持續增加,為最大規模的公司提供強大的規模優勢。

因此,相較於規模較小的公司,規模最大的公司因為節目編製成本最低,所以在執行新收購方面一直保有優勢——他們不僅有能力支付較高的收購金,而且仍能賺取相同或更好的報酬,因而形成類似這樣「規模上的良性循環」:只要購買更多的系統,就能降低節目編製成本,並增加現金流量,現金流量增加,就可運用更大的財務槓桿,更大的財務槓桿又可以用來購買更多的系統,更多的系統則能進一步降低節目編製成本,就這樣無止境地

循環下去。這個回饋循環的邏輯與力量如今看起來似乎相當顯而易見，但在當時，卻沒有人像馬龍和 TCI 這麼積極擴大規模。

有一點與此核心想法相關，那就是馬龍認知到，華爾街視為神聖的最大化每股盈餘（EPS），與在發展初期的有線電視產業拓展規模的做法相互抵觸。對馬龍來說，更高的淨收益意味著更高的稅額，而他認為有線電視公司的最佳策略，就是使用所有可用的工具，把財報盈餘及稅額降到最低，並以稅前現金流量提供內部成長及收購所需的資金。

這個方法與傳統的做法有極大的差異。在當時，EPS 是華爾街評價一家公司的唯一依據。長久以來，馬龍是在有線電視產業中，唯一使用此方法的人；其他大型有線電視公司最初都把經營重心放在提升 EPS，後來才體認到，要追求有線電視業務成長，又要同時兼顧 EPS 實在相當困難，於是才把重心轉移到現金流量（例如有線電視龍頭康卡斯特〔Comcast〕最後終於在 1980 年代中期轉移重心）。有線電視產業的長期分析師丹尼斯・賴波威茲（Dennis Leibowitz）曾這麼跟我說過：「忽視 EPS 的這個做法在早期，為 TCI 提供了優於其他上市公司的重要競爭優勢。」[4]

儘管此策略如今看來相當理所當然，馬龍的上市同業最後也採用了此策略，但在當時，華爾街卻不曉得如何解讀此策略。馬

龍會跟貸款人和投資人強調公司的現金流量，而非 EPS，在此過程中，他發明了一個現今經理人和投資人視為理所當然的新單字。商業詞彙中的一些術語和單字，例如，EBITDA（稅息折舊攤銷前利潤），就是馬龍首先提出：EBITDA 是一個全新的概念，乃是進一步探究損益表的數字，算出一家公司在支付利息、稅額，以及提列折舊或攤銷之前的現金產出能力。如今，EBITDA 已是普遍應用於整個商業界，尤其是私募股權及投資銀行產業。

訂戶多多益善

1970 年代至 1980 年代早期，有線電視股價的波動依然劇烈。馬龍和麥格尼斯因擔心遭到惡意收購，所以趁著市況低迷之際買回庫藏股，提高兩人的合計持股。1978 年，他們創造了多表決權的 B 股，到了 1979 年，經過一系列複雜的庫藏股買回與交易之後，他們對 B 股的合計持股已達 56%，取得了業界資深人士謝誠剛（John Sie）所謂 TCI 的「穩固控制權」。

掌握控制權並提升資產負債的健全性之後，馬龍開始運用創新的方法，努力不懈地拓展規模。他利用公司新貸款人提供的貸款、內部現金流量及偶爾執行的股票發行計畫，展開一項格外活

躍的收購計畫。1973年至1989年間，TCI一共成交了四百八十二筆收購，平均每隔一週就成交一筆。對馬龍來說，多一位訂戶，就是多一份營收。如同長期投資人瑞克・賴斯（Rick Reiss）所言：「在擴充規模方面，他總會注意好的那一面，而忽視醜陋的那一面，」多年下來，與他交易過的賣家背景各式各樣，其中包括卡車司機工會（the Teamsters）和美國前第一夫人小瓢蟲 詹森（Lady Bird Johnson）。[5]

不過，他並不是隨便亂買。1970年代晚期至1980年代早期，隨著HBO、MTV等衛星傳輸頻道的出現，有線電視產業進入一個新階段。原本因收訊不良而主要鎖定鄉村用戶的有線電視服務，已能為城市用戶提供具有吸引力的新頻道，滿足其對節目內容的渴求。隨著產業進入此新階段，許多大型有線電視公司開始把重心轉移至爭取大都會地區的經營權，使得這些地區的經營權爭奪變得既激烈又昂貴。

然而，馬龍對這些市政當局提出的不合理利益條件相當不以為然，使得TCI成為當時的大型有線電視業者中，唯一未投入大都會經營權爭奪、而把重心放在爭取較便宜的鄉村與城市用戶的一家公司。1982年，TCI成為業界最大的公司，擁有兩百五十萬訂戶。

後來，許多早期爭取到的都市經營權都因為負債過多及條件不合乎經濟利益而價格暴跌，馬龍便趁此時跨步向前，以原本成本的一小部分取得控制權，TCI 就是利用此方式，取得了匹茲堡、芝加哥、華盛頓、聖路易及水牛城的有線電視經營權。

到了 1980 年代中期，美國聯邦通訊委員會的法規鬆綁，這個極為有利的因素促使 TCI 在當時 1980 那個年代，快速積極地收購有線電視系統，包括偶爾進行的大規模交易（例如，西屋公司〔Westinghouse〕與斯托勒傳播公司〔Storer Communications〕），以及持續進行的小規模交易。除此之外，TCI 還持續積極擴充其合資企業的組合，與著名有線電視創業家，例如比爾·布雷斯南（Bill Bresnan）、鮑勃·羅森克朗茨（Bob Rosenkranz）和李奧·辛德利（Leo Hindery）等共同創立有線電視公司，並且取得這些公司的少數股權。到了 1987 年，TCI 的規模已是其排名居次的競爭對手——時代公司的 ATC——的兩倍。

1970 年代晚期至 1980 年代早期，馬龍與前途似錦的年輕節目製作人和有線電視創業家一起創立合資企業，進一步展現他的創造力。這些合夥人都是有線電視業赫赫有名的人物，包括泰德·透納（Ted Turner）、謝誠剛、約翰·亨德瑞（John Hendricks）和鮑柏·強森（Bob Johnson）。就籌組這些合資公司而

論，馬龍實際上是一位極具創造力的創投，他積極尋求有天分的年輕創業家，提供 TCI 的規模優勢給他們（如 TCI 的訂戶及節目編製折扣），以此換取其企業的少數股權。透過此方式，他為公司產出了相當可觀的報酬。只要看到他喜歡的創業家或想法，他就會迅速採取行動。

1979 年，馬龍與黑人娛樂電視台（Black Entertainment Television，BET）創辦人鮑柏・強森首次會面，在會面結束時開了一張 50 萬美元的支票給他，自此之後，馬龍開始藉由提供創業資金及 TCI 的上百萬訂戶，換取節目編製公司的所有權股份。1987 年，在泰德・透納的透納廣播公司（Turner Broadcasting System）——其頻道包括 CNN 和卡通頻道（The Cartoon Network）——瀕臨破產之際，馬龍率領一個有線電視公司聯合企業，協助其紓困；到了 1980 年代末期，TCI 的節目組合除了透納的頻道之外，還包括迪士尼、安可（Encore）、QVC 及 BET，他已成為同時擁有有線電視系統和有線電視節目編製公司的大老闆。

1990 年代早期的有線電視產業可說是屋漏偏逢連夜雨，先是政府在 1990 年頒布高槓桿交易法，限制了有線電視產業對債務資本的取得，接著是聯邦通訊委員會在 1993 年頒布更嚴格的有

線電視法,要求業者調降有線電視費率。儘管產業內出現這些負面的發展,馬龍還是不受影響,**繼續審慎收購大型有線電視系統**,包括維亞康姆(Viacom)及聯美有線電視(United Artists Cable),並推出新播送的電視網,包括史塔茲安可(Starz/Encore),以及與魯柏‧梅鐸(Rupert Murdoch)和福斯(Fox)共同推出的一系列區域性體育電視網。

1993年,馬龍與電話巨擘貝爾大西洋公司(Bell Atlantic,後來威訊通訊〔Verizon Communications〕的前身)達成一項令人震驚的協議,同意讓貝爾大西洋以340億美元的股票買下TCI;然而,因為受到修法的衝擊,再加上TCI現金流量減少、股價下跌,使得此交易後來取消。在接下來這十年間,馬龍把較多的時間投入有線電視事業以外的非核心業務,他率領一個有線電視公司聯合企業創立兩家大規模的新公司,分別是競爭力強大的電話服務公司Teleport,以及與斯普林特公司(Sprint)共同成立、以爭取行動電話通訊經營權的合資企業「斯普林特個人通訊服務公司」(Sprint/PCS)。

在推行這些新計畫時,馬龍把公司的資本和他自己的時間配置到他認為可提升公司市場主導地位、並提供可觀潛在利潤的專案。1991年,他把TCI在節目編製資產的少數股權分拆出來,成

立了「自由媒體」（Liberty Media）這家新公司，最後並取得此公司的重要個人權益。這是馬龍創造的第一支追蹤股票（tracking stock），之後，馬龍又創造了一系列的追蹤股票，包括追蹤 Teleport、Sprint/PCS 和其他非有線電視資產的「TCI 風險事業」（TCI Ventures），以及追蹤 TCI 對各種國外有線電視資產所有權的「TCI 國際」（TCI International）。

馬龍是使用分拆及追蹤股票的先驅，他認為這麼做有助於達成兩項重要的目標：（1）提升透明度，允許投資人評價 TCI 的某些之前被複雜結構遮蔽的部分；（2）把 TCI 的核心有線電視業務和其他可能引來監管審查的相關利益（尤其是節目編製方面的利益）進一步切割。馬龍最先進行的是 1981 年西方電訊傳播公司（Western Tele-Communications）微波事業的分拆，而直到將公司出售予 AT&T 時，TCI 已為股東分拆出十四家公司。和亨利・辛格頓及比爾・史帝萊茲（Bill Stiritz）一樣，馬龍利用這些分拆，有計畫地增加其事業體的複雜性，為公司追求最好的利益。

施帕克曼在 1995 年退休後，馬龍把公司有線電視業務的營運權授予前行銷主管布蘭登・克勞斯頓（Brendan Clouston）帶領的新管理團隊。在克勞斯頓的帶領下，TCI 開始集中處理客服事務，並斥重資升級老舊的有線電視設備。然而，在 1996 年第三

季,TCI繳出的成績單卻遠不如預期,不僅出現創立以來首次的用戶流失,現金流量也較上一季下滑,對此結果感到失望的馬龍決定重新掌權,並反常地直接控管營運,迅速汰換兩千五百名員工,暫停訂購所有資本設備,並積極重新談判節目編製合約。他還解僱了應聘前來協助系統升級的顧問,並把客服事務交還當地系統的經理負責。

在營運趨穩、現金流量也提升之時,他引薦李奧‧辛德利(TCI大型合資企業InterMedia Partners的執行長)處理營運事務,並把注意力重新轉回至策略方案。辛德利持續推動重整,一方面請回TCI的資深員工馬文‧瓊斯(Marvin Jones)擔任他的營運長,一方面賦予區域經理更多職責,同時積極把業務推展至用戶較密集的地區,以降低成本。

辛德利上任之後,馬龍開始把他的重心轉移至開發數位機上盒,俾利與新的衛星電視業者競爭。他一開始是去請微軟幫忙,不過,最後是與該產業的最大設備製造商「通用儀器」,談成每台300美元、共一千萬台機上盒的交易,並且以持有該公司具有實質影響力的股權做為交換條件,他最後擁有了16%的股份。

在1996年至1997年的營運危機中,馬龍的恩師暨長期夥伴鮑勃‧麥格尼斯去世了,留下了公司由誰掌控的爭議。透過一連

串複雜的收購，馬龍和TCI終於買下了麥格尼斯的多表決權股份，以確保其在TCI的最終階段仍然保有「穩固」的控制權。

把買家口袋裡的每一分錢搖出來

1990年代末期，馬龍的幾個非有線電視策略專案開始產出豐碩的成果，事實證明，他並未錯估這些專案的報酬潛力——1997年，Teleport以110億美元的天價出售給AT&T，投資報酬率達28倍；1998年，斯普林特公司以90億美元的斯普林特股票，買下Sprint/PCS合資企業；1999年，通用儀器以110億美元的價格賣給摩托羅拉公司（Motorola）。

1990年代晚期，馬龍轉移注意力，開始為TCI尋找買主。馬龍雖熱愛有線電視產業，卻也是個十分理性的經營者，他曾在1981年跟分析師大衛・瓦果說：「我覺得TCI應該有每股48美元的價值，如果有人出這個價格，我們願意賣。」[6]這個目標價持續調高，而持續很長一段時間，都沒有人願意支付此價格。然而，進入1990年代後，馬龍看見了籠罩TCI未來的各種不確定因素，包括來自衛星電視日益加劇的競爭、升級TCI鄉村系統所需的龐大費用，以及管理接班的不確定性，因此，在接獲來自

AT&T 積極進取的新執行長麥可‧阿姆斯壯（Mike Armstrong）的詢價時，他便急切地安排了討論事宜。一如往常，他親自前去談判，獨自面對會議桌對面的一大群 AT&T 律師、銀行家和會計。

在兩家公司的談判中，馬龍證明他不只擅長收購，對銷售也很在行。如同瑞克　賴斯所言：「他把 AT&T 的董事們倒轉過來，把他們口袋裡的每一分錢搖出來之後，再把他們送回座位。」[7] 最後談成的價格高達 EBITDA 的 12 倍，相當於每用戶 2,600 美元，而且值得注意的是，那些老舊不堪的鄉村系統無損於 TCI 的收購價格。不令人訝異的是，向來小心翼翼避免支付非必要稅額的馬龍，把此交易規劃成股票交易，讓他的投資人可以晚一點再支付資本利得稅。

此外，馬龍還保有自由媒體節目子公司的有效控制權，持有九席董事席位中的六席，並且爭取到自由媒體頻道透過 AT&T 有線電視系統播放的長期合約。在此次交易中，馬龍最後一次向外界證明，他在 TCI 實施的獨特策略非常成功。他為他的股東產出了優異的報酬，事實上，應該說是令難以置信的報酬才對：在馬龍執掌 TCI 的二十五年間，整個有線電視產業大幅成長，該產業內的上市公司業績都蒸蒸日上；不過，其他經營者為股東創造的

價值卻遠不及馬龍。從 1973 年他上任開始，到 1998 年 TCI 出售給 AT&T 為止，TCI 股東的年化報酬率高達 30.3％，優於其他上市同業的 20.4％、標普 500 指數的 14.3％，如圖 4-1 所示。

如在馬龍剛上任時投資 1 美元購買 TCI 的股票，到了 1998 年，這 1 美元的價值已超過 900 美元；如果把這 1 美元投資於其他上市的有線電視公司，則會變成 180 美元，投資於標普 500 指數，則會變成 22 美元。也就是說，在馬龍擔任執行長的任內，TCI 的股價表現超越標普 500 指數逾 40 倍，超越公開發行同業 5 倍。

打造高績效，非典型執行長做對什麼？

制訂最佳稅務策略

在馬龍任內，有線電視是極度資本密集的產業，需要大筆的現金來建設、購買及維護有線電視系統。馬龍在透過增加用戶數擴充規模時，除了 TCI 健全的營運現金流量之外，還有三大資本來源，分別是負債、股票及資產出售。他運用每項資本的方式都相當特殊。

圖 4-1 在馬龍任內,整體投資報酬率大幅超越標普 500 指數和競爭對手的報酬率

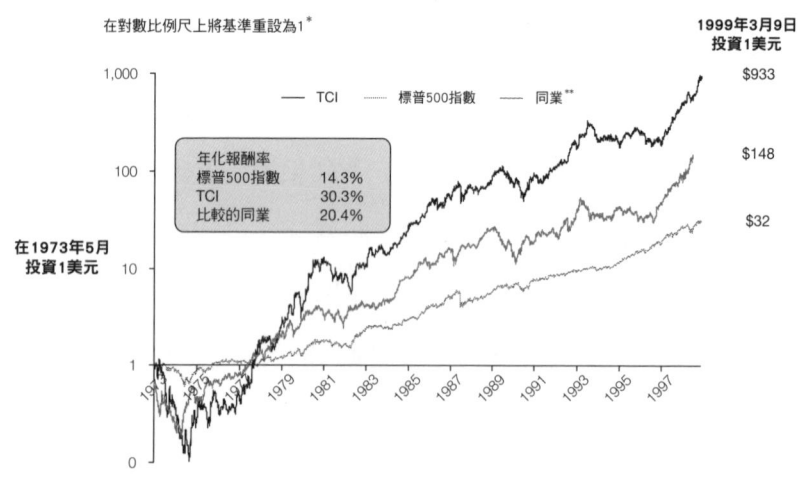

在對數比例尺上將基準重設為1*

年化報酬率
標普500指數　14.3%
TCI　30.3%
比較的同業　20.4%

1999年3月9日 投資1美元
$933
$148
$32

在1973年5月投資1美元

資料來源:證券價格研究中心(CRSP)及 TCI 年報
* 已考慮股票分割與股利發放。
** 比較的同業包括阿爾德菲亞傳播公司(Aldelphia Communications)、美國電視傳播公司(American Television & Communications)、有線電視系統公司(Cablevision Systems)、世紀傳播公司(Century Communications)、康卡斯特・舵手傳播公司(Cox Communications)、舵手有線電視公司(Cox Cable)、獵鷹有線電視系統公司(Falcon Cable Systems)、文化遺產傳播公司(Heritage Communications)、瓊斯有線電視公司(Jones Intercable)、斯托勒廣播公司(Storer Broadcasting)、講稿提詞機公司(TelePrompTer)及聯合有線電視公司(United Cable Television)。

馬龍是有線電視產業中積極運用負債的先驅，他認為運用財務槓桿一方面可以放大財務收益，一方面可以扣除支付的利息，達到避稅效果，所以設定了一個負債達 EBITDA 5 倍的比率。在 1980 年代及 1990 年代的大部分時期，他都能把負債維持在這個比率。TCI 擁有規模優勢，能夠把負債成本降到最低。體驗過 1970 年代中期的痛苦經歷之後，馬龍非常謹慎地安排債務結構以降低成本，同時避免交叉抵押，以免因為一個系統拖欠借款而影響整個企業的信用。這種「艙壁式」的劃分（這個術語是源自於馬龍對所有船舶相關事物的迷戀，他有時也會提到 TCI「折舊的船艦波」）雖使 TCI 的結構變得更為複雜，卻也為公司提供了重要的下檔保護。

　　馬龍很吝於發行股票，即使要發行，也會選在計價倍數創新高時發行。馬龍在 1980 年的訪談中曾經說過：「我們股價最近的漲幅為我們提供了發行股票的良機。」[8] 對於自己吝於發行股票這件事，他感到相當自豪，認為這是他有別於同業的另一項因素。

　　馬龍偶爾也會擇機出售資產。他會冷靜地評估有線電視系統的公開市場與私下交易價格，如果發現兩個市場存在價差，就會在兩個市場積極交易。馬龍會謹慎地管理公司透過多年扣除折舊及利息而累積的淨營運損失（NOL），如此一來，他在出售資產

時便不需繳稅。由於採用此避稅措施，所以當價格具有吸引力時，他會很放心地出售系統，以籌措未來公司成長所需的資金。如同馬龍在 1981 年告訴大衛・瓦果的：「以 10 倍現金流量出售一部分的系統，並以 7 倍的價格買回我們的股票，算是挺合理的。」[9]

TCI 另一個重要資金來源是未支付的稅金。如同我們所看到的，降低稅額是馬龍在 TCI 策略的核心要點，他把麥格尼斯的避稅方法推升至全新層級。馬龍很討厭繳稅，繳稅有違他愛好自由的本性，他把他的工程師思維應用至最小化繳稅「漏洞」，就像他在電機測試時盡量減少訊號洩漏一般。因此，儘管 TCI 的現金流量在馬龍任職期間成長了 20 倍，TCI 卻從來沒有繳過龐大的稅金。

事實上，馬龍在聘請內部稅務專家方面，可說是花錢不手軟。內部稅務專家每個月都會開會，以確認最佳稅務策略，這些會議都是由馬龍親自主持。馬龍出售資產時，幾乎都會要求買方支付股票（這說明了自由媒體公司〔Liberty Media〕至今為何持有大量新聞集團〔News Corporation〕、時代華納、斯普林特和摩托羅拉的股票），或是以扣除累積 NOL 的方式避稅，而且會持續使用最新的稅務策略。就像丹尼斯・賴波威茲所言：「TCI 很少

處分資產,除非這麼做能節稅。」[10] 其他有線電視公司在這方面投注的時間和心力都遠不及 TCI。

資本配置選項最佳化

為了因應有線電視產業在 1970 年代及 1980 年代的急劇成長,馬龍備有各種高收益的資本配置選項,並透過建造 TCI 的結構來最佳化這些選項。馬龍採用的資本配置方法既合理又精準,而且無論再怎麼複雜或有別於傳統,只要是報酬吸引他的投資專案,他都很願意考慮。擁有工程師思維的馬龍企圖尋找絕佳的標的,只專注在報酬足夠吸引人的專案。有趣的是,他不使用試算表,偏好獲利能以簡單數學驗證的專案。他個人曾經說過:「電腦需要大量的細部資料……我是數學家,不是程式設計師,我的判斷是正確的,只不過不精確。」

在決定如何部署 TCI 的資本時,馬龍制定的決策與其同業十分不同。他從不發放股利(而且甚至不考慮發放),也很少償付債款。他在資本支出方面相當克制,在收購方面相當積極,在買回庫藏股方面則會伺機而動。

在 1990 年代中期衛星電視業者加入競爭之前,馬龍認為提

升有線電視基礎設施除了能夠帶來新的營收之外，並不具有可量化的效益。對他來說，這是一個再清楚不過的算術問題：資本支出減少，現金流量就會增加。因此，多年來，即使華爾街不只一次提出請求，馬龍始終不願意升級他的鄉村系統。他有一次跟別人說悄悄話時，不改直率本性地說：「這些〔鄉村系統〕是我們的殘渣，我們不打算重建。」[11] 這和其他有線電視公司領導者動不動就對外宣揚，其在新技術方面廣泛投資的做法大異其趣。

諷刺的是，這位最懂科技的執行長，向來都是最後一個採用新技術，他喜歡扮演科技「移居者」的角色，更甚於扮演科技「拓荒者」。馬龍了解採用新技術既困難又昂貴，寧願先等待，讓同業去實驗新服務是否具備獲利上的可行性，如同他在1980年代早期決定延後推出新機上盒時所說的：「放緩投資腳步並不會使我們失去主要陣地，反倒是有線電視產業的拓荒者，他們的背上往往插了好幾支箭。」TCI是所有上市公司中，最後一家推出計次收費節目的公司（而且在推出時，馬龍還說服了節目編製公司幫忙支付設備費用）。

不過，當投資有其必要時，他會很願意去投資。在1990年中期出現衛星電視的競爭時，為了提升頻道容量及客戶選擇，他成為了業界力推昂貴新機上盒的先驅。

收購無疑是 TCI 的最大資金出口。就如同我們所看到的，馬龍是既有野心又有紀律的有線電視系統的收購者，他買下的公司比其他對手都還要多，而事實上，他的前三、四大競爭對手收購的公司，加起來都沒有他來得多。總的來說，這些收購代表他對有線電視產業（長期存在法規的不確定性及潛在競爭威脅的產業）的未來發展投擲了重注。從 1979 年到 1998 年，TCI 收購標的的年均價值高達其企業價值的 17%，其中更有五年超過 20%。

不過，他也是一個價值買家，而且很快便研究出一個簡單的原則，此原則成為了 TCI 收購計畫的基石：收購價格不得超過易量化的節目編製折扣、以及扣除經常費用的利益所實現後的現金流量 5 倍。這項分析用一張紙即可進行（或者如果有必要，可在餐巾紙背面進行），不需要廣泛地建模，也不需要先做預估。

重要的是做出假設的本領和達成預期綜效的能力，因此，馬龍和施帕克曼訓練他們的營運團隊極有效率地排除不必要的收購成本。從華納傳播手中接下陷入危機的匹茲堡經營權之後，TCI 裁減了他們一半的員工，關閉前任經營者已為該地精心打造的錄製室，並且把總部從市中心的摩天大樓搬遷到一個輪胎倉庫。幾個月內，這個之前不賺錢的系統開始產出充沛的現金流量。

馬龍的簡易規則使他得以在機會出現時快速展開行動。當霍

克家族（Hoak Family）在1987年決定出售擁有百萬用戶的有線電視事業時，馬龍在一小時之內便與他們達成協議。如果遇到不合乎其規則的交易，他也會很乾脆地放棄。長期擔任該產業分析師的保羅・凱根（Paul Kagan）還記得，馬龍曾經放棄一大筆夏威夷的交易，只因為對方的開價和他的目標價格相差了100萬美元。

在主要上市的有線電視公司的執行長中，馬龍是唯一一位會趁市況低迷之際買回庫藏股的執行長。如同丹尼斯・賴波威茲所言：「其他上市的多系統經營者中，沒有一位曾在此時期執行大規模的庫藏股買回。」[12] 反之，TCI在馬龍任內，則買回了逾40%的庫藏股。他很懂得掌握庫藏股買回的時機，由此產出的平均年化報酬率超過了40%。

馬龍與大衛・瓦果在1980年代早期的一次交流，很能說明馬龍在買回庫藏股方面秉持的機會主義理念：「我們正在評估所有的選擇，用時價購買庫藏股，以賺取時價與私下交易價格間的價差。」[13] 買回庫藏股提供了一個實用的指標，有助於評估包括收購在內的其他資產配置選項。就像馬龍在1981年對瓦果說的：「在我們的股價處於20美元左右的情況下......購買庫藏股看起來就比購買私有系統更具吸引力。」[14]

投資合資企業

在前言所提到的五種資本配置選項的標準選單中，馬龍又增列了第六種：投資合資企業。從來沒有執行長像馬龍這麼積極利用合資企業，或透過合資企業創造這麼多價值。馬龍很早便體認到，他可以善用 TCI 的規模，取得節目編製公司和其他有線電視公司的股權，而這些股權可以讓 TCI 在幾乎不需增加投資的情況下，顯著為公司提升價值。在出售給 AT&T 時，TCI 擁有四十一家合資企業的股權，而 TCI 的長期報酬中，有許多便是來自這些有線電視與非有線電視合資企業。

TCI 因擁有多種合資企業，所以很難分析，價值常常被低估。（大衛．瓦果曾經說過：「如要了解這家公司，你必須把所有的注腳都讀完，但很少人會這麼做。」[15]）不過，馬龍認為，相較於這些專案多年來所創造的龐大價值，公司為此複雜性付出的代價算是很小的。與馬龍的許多計畫一樣，這些合資企業在事後看起來都相當合理，但是在實施當時卻顯然相當不合乎傳統的做法：在當時，產業內沒有其他人利用合資企業增加系統的所有權；其他多系統經營者都是之後才開始爭取節目編製公司的持股。

▋ 創造員工忠誠度

儘管馬龍在待人處事方面相當冷靜、精於算計，猶如《星際爭霸戰》的史巴克，卻也成功創造出非常強大的公司文化與員工忠誠度。他雙管齊下，透過獎勵和給予員工自主權的方式達成此目標。TCI 有一個相當積極的員工認股計畫，公司會依據員工的貢獻度，邀請組織各個階層的員工投入此計畫。許多早期的員工（當然包括長期擔任馬龍祕書的員工）都因此成為百萬富翁，而此文化也培養出極大的忠誠度──在馬龍執掌 TCI 的前十六年，沒有一位資深主管離職。

TCI 的營運權相當分散，在 1995 年施帕克曼退休時，這家擁有一千兩百萬用戶的公司只在總部配置了十七名員工。馬龍曾直率地說：「我們不相信幕僚人員，他們只會事後批評。」TCI 沒有人資主管，而且直到 1980 年代晚期，才聘請公關人員。丹尼斯・賴波威茲把 TCI 形容成一群節儉、行動導向的「牛仔」，他們認為，自己和經營其他大型有線電視公司的那些保守官僚的東部人截然不同。

▌充分考量變數

馬龍在自己快速成長且資本密集的企業裡，創造了一個聰明的資本配置模式，此模式已經成為各種產業老闆遵循的模式，包括：行動電話、檔案管理、通訊塔。在本書探討的執行長之中，他最像另一位高段的數學家（暨博士）——亨利・辛格頓。對於數學家來說，觀點往往是在充分考慮變數後所獲得，而馬龍也是這麼認為。TCI 絕對沒有馬馬虎虎的措施。TCI 是有線電視產業裡最大的公司，擁有最低的節目編製成本、最不常維護的設施、最複雜的結構，以及毫無疑問的——最高的回收報酬。

他是以苦行僧的精神在管理 TCI。公司策略的各項要素，包括擴充規模、降低稅金、積極運用財務槓桿，都是針對最佳化公司獲利而設計。在總結他那以分析驅動的方法建構 TCI 組織架構時，馬龍是這樣說的：「無論如何，算術法則還沒有被否決。」

第 5 章

低調收購，精準用人
>> 凱薩琳・葛蘭姆與華盛頓郵報公司

> 一個人若要制定並維持突破傳統的〔方法〕，就需要有⋯⋯傳統眼光常常認定的輕率魯莽。——耶魯大學投資長大衛・史雲生（David Swensen）

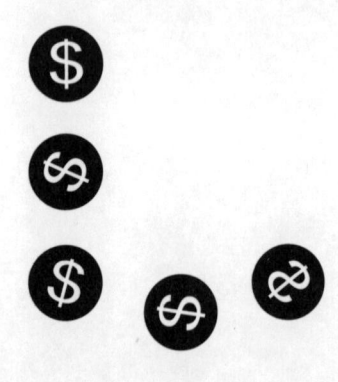

凱薩琳‧葛蘭姆成為華盛頓郵報公司董事長暨執行長的道路是相當與眾不同。她是著名金融家（暨《華盛頓郵報》老闆）尤金‧梅爾（Eugene Meyer）之女，從小有傭人服侍，上的是寄宿學校，住的是鄉村別墅，時常出國旅遊。1940年，她嫁給了出身哈佛的傑出律師菲力普‧葛蘭姆（Philip Graham），其師從最高法院法官費利克斯‧弗蘭克福特（Felix Frankfurter）。1946年，梅爾指定由菲力普來經營這家公司，在任職期間，他時不時展現出卓越才智，直到1963年自殺而驟然逝世為止。在他不幸去世之後，凱薩琳在出乎自己意料的情況下，被推上了執行長職位。

對於接任此職務，葛蘭姆毫無準備。她當時四十六歲，是四個孩子的母親，自她的第一個孩子在近二十年前出生開始，她就沒再做過正職的工作。在菲力普意外去世之後，她突然成為《財星》五百大企業中唯一的一位女性執行長。生性害羞的她被迫面對這樣的人生轉折，內心的恐慌不難理解。這是一個很了不起的故事，不過其實也相當有名（目前最佳的版本是贏得普立茲獎的葛蘭姆自傳《個人歷史》〔Personal History〕，於1997年出版）。

較鮮為人知的是葛蘭姆對其股東的付出。從1971年該公司首次公開發行開始，到1993年葛蘭姆卸任董事長職務為止，她

為股東創造的年化報酬率高達 22.3%，使標普 500 指數（7.4%）與其同業（12.4%）相形失色。如果在該公司首次公開發行時投資 1 美元，到她退休時，這 1 美元已變成了 89 美元；如果把這 1 美元拿去投資標普 500 指數，則會變成 5 美元，投資其他同業，則會變成 14 美元。如圖 5-1 所示，她的績效超越標普 500 指數的 18 倍，超越同業 16 倍。她是這二十二年間美國國內最優秀的報業經營者，她的表現遠優於其他同業。

對幹尼克森與逼退罷工者

葛蘭姆在 1963 年 9 月 20 日（也就是她的朋友約翰・甘迺迪去世前兩個月）接任華盛頓郵報公司總裁時，她所繼承的這家公司已在菲力普的帶領下大幅成長，且擁有各種媒體資產組合，包括《華盛頓郵報》（在持續成長的華盛頓特區發行的三份報紙之一）、《新聞周刊》（*Newsweek*）雜誌，以及位於佛羅里達州與德州的三家電視台。

在接下來的幾年，她慢慢上軌道，熟悉公司事務以及她的董事會與管理團隊。1967 年起，她做出上任後的第一個重大個人決策，開始展現其影響力──她把長期擔任《華盛頓郵報》總編輯

圖 5-1　在葛蘭姆任內＊，華盛頓郵報公司（WPO）整體股東投資報酬率大幅超越標普 500 指數和競爭對手的報酬率

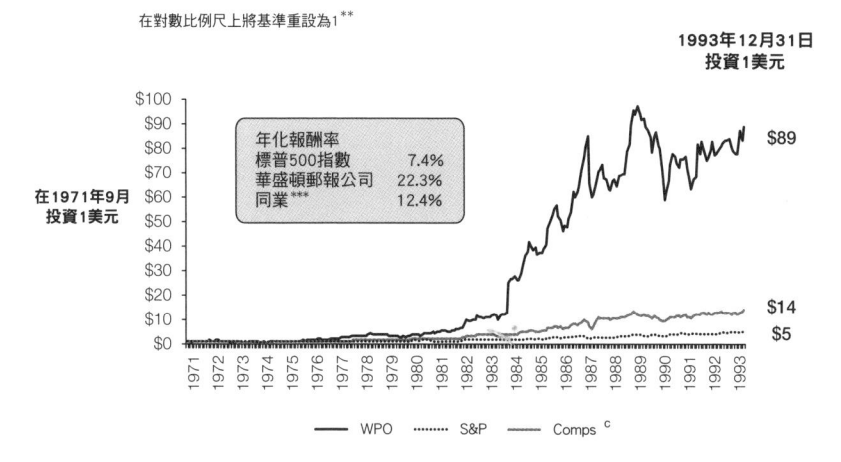

在對數比例尺上將基準重設為1＊＊

年化報酬率
標普500指數　7.4%
華盛頓郵報公司　22.3%
同業＊＊＊　12.4%

1993年12月31日投資1美元　$89

在1971年9月投資1美元

$14
$5

WPO　S&P　Comps ᶜ

資料來源：證券價格研究中心（CRSP）。
＊ 為取得此數字，我們假設葛蘭姆的任期始於 1971 年 WPO 公開發行之時，而非 1963 年。
＊＊ 已考慮股票分割與股利發放。
＊＊＊ 比較的同業包括甘尼特報業集團（Gannett Co.）、奈特瑞德報業集團（Knight Ridder）、大眾媒體集團（Media General）、紐約時報公司（The New York Times Company）及時代明鏡公司，比重按市值加權。

的羅斯・威金斯（Russ Wiggins）換掉，並指派個性急躁且能力未受肯定的四十四歲《新聞周刊》執行副總編班・布萊德利（Ben Bradlee）接任此職務。

　　1971 年，在董事會的建議下，她為公司提出上市申請，以籌措收購金。在公開發行後不到一週，《華盛頓郵報》便捲入了五

第 5 章　低調收購，精準用人　157

角大廈文件（Pentagon Papers）危機，當時《華盛頓郵報》有機會刊登一份極具爭議（且負面）的國防部內部越戰評估報告，法院之前已禁止《紐約時報》刊載這份報告，尼克森政府擔心此報告將引發對於越戰的新一波負面宣傳，於是便威脅華盛頓郵報公司不得刊載，否則將撤銷其營業執照。執照若被撤銷，不但將會使公司的股票發行遭受影響，並且會波及公司的一個主要獲利中心。面對不明確的法律建議，葛蘭姆必須靠自己來做決定。她最後決定刊登此報導，並因此建立了《華盛頓郵報》社論的好口碑。尼克森政府後來並未撤銷該華盛頓郵報公司的執照，而股票發行的結果也相當順利，一共籌得 1600 萬美元。

1972 年，《華盛頓郵報》在葛蘭姆的全力支持之下，開始針對共和黨的不當競選行為，進行密集調查，此調查後來迅速演變成水門案。布萊德利與兩位年輕的調查記者卡爾·伯恩斯坦（Carl Bernstein）和鮑勃·伍德沃德（Bob Woodward），帶頭報導了這起不尋常的醜聞，最後導致尼克森總統在 1974 年的夏季引咎辭職。他們的成功報導為《華盛頓郵報》贏得了普立茲獎（《華盛頓郵報》在布萊德利擔任總編輯期間，一共獲得了十八個普立茲獎），使得《華盛頓郵報》成為唯一能夠與《紐約時報》抗衡的新聞同業。在調查水門案的期間，不斷有來自尼克森政府

的不滿與威脅，但是葛蘭姆全部一概不予理會，態度十分堅決。

葛蘭姆利用公開發行的一部分收益收購了紐澤西州的《川頓時報》(Trenton Times)，事實證明，這是一個不甚理想的收購。《川頓時報》是一份午報，在這個競爭激烈的兩大報市場中很難成長。葛蘭姆從此次的經驗獲得寶貴的教訓，對未來的收購更加謹慎。

1974年，一位不知名的新投資者開始大量買進華盛頓郵報公司的股票，最終一共持有華盛頓郵報公司13%的股份。在不顧董事會的反對下，葛蘭姆不僅與這位新加入的股資人——華倫·巴菲特——見面，還邀他加入董事會。巴菲特後來成為了她事業上的導師，在他的協助下，她帶領公司走出一條不同於傳統的道路。

1975年，公司面臨一場大規模罷工，這場罷工是由影響力強大的記者工會領導，以放火燒毀印刷廠揭開序幕。葛蘭姆在徵詢巴菲特和其他董事的意見後，決定對抗罷工。在只錯失一天的出刊之後，她和布萊德利（以及她二十七歲的兒子唐納德〔Donald〕）便召集到維持運作的必要員工，在連續出刊一百三十九天之後，罷工的員工終於同意大幅讓步。

此次的罷工對所有牽涉其中的人，都是相當痛苦的經驗（有

人曾看見一位罷工糾察隊員身穿一件印有「菲力普殺錯了葛蘭姆」的T恤），不過，罷工者的讓步不僅大幅提升《華盛頓郵報》的獲利能力，還代表了整個產業的一個轉捩點——這是都會大報逼退罷工者的首例之一。對葛蘭姆而言，此次的罷工是她個人的轉捩點，與水門案的影響力不相上下——自此之後，華盛頓郵報公司由誰當家作主，已毫無疑問。

與此同時，葛蘭姆在巴菲特的指導下，做出了另一個有別於同業的決策——她開始積極買回公司的庫藏股。當時除了亨利‧辛格頓和湯姆‧墨菲之外，幾乎沒有人考慮這麼做。在接下來的幾年，她在公司股價跌落谷底時，一共買回了近40%的庫藏股。值得注意的是，她的主要報社同業都沒人跟進。

節制但準確的收購

1981年發生了兩起重大事件。第一起是《華盛頓郵報》的長期對手《華盛頓星報》（*Washington Star*）在發行量下滑多年後，終於宣布停刊。這使得成本結構在罷工之後變得精簡的《華盛頓郵報》成為壟斷美國首府市場的日報，發行量與獲利能力在這十年間大幅提升。

第二起事件的影響力則更為重大。葛蘭姆在1970年代經過四次的嘗試之後，才找到了能幹的營運長迪克‧西門斯（Dick Simmons）。西門斯之前是多元化經營的媒體公司「鄧白氏」（Dun & Bradstreet）的營運長，他接任之後即刻針對利潤低於同業的營運單位進行合理化改革。自他上任之後，公司的獲利能力大幅提升，進一步突顯出能幹的營運副手對非典型執行長的成功是多麼關鍵。

在葛蘭姆的支持下，西門斯請來新的管理人才，賣掉《川頓時報》，並把薪資結構調整成強調紅利的制度，堅持展現比同業更強勁的績效。幾年下來，公司在報紙發行和電視廣播的利潤幾乎翻倍，獲利能力因而激增。

1980年代是新聞產業交易熱絡的時期，獲利與計價倍數加速成長，收購價格也跟著飆升，在此產業氛圍下，葛蘭姆是唯一一位退到場邊的主要報社經營者。華盛頓郵報公司雖也仔細研究了許多筆交易，包括愛荷華州、德州和肯塔基州的大報，不過最後只執行了兩筆收購，而且兩筆的規模都很小。在1980年代中末期的熱絡氛圍中，如此節制的行為相當不尋常。葛蘭姆的特立獨行讓同業與新聞輿論多所評論，在此高調、排他且由男性主宰的產業中承受這一切，對身為唯一一位女性經營者的葛蘭姆來說尤

其辛苦。

不過，很重要的一點是，在葛蘭姆的監督下，華盛頓郵報公司收購的公司大部分都能帶領其跨足與報紙或傳播不相關的新事業。1983 年，在艾倫・史普恩（Alan Spoon，西門斯請來的新員工，之前擔任過管理顧問）的廣泛研究後，公司成功跨足手機事業，以 2900 萬美元買下了包括底特律、華盛頓、邁阿密等六個大都會市場的經營權。1984 年，她收購了史丹利卡普蘭（Stanley Kaplan）考試準備事業，在教育市場站穩了腳跟。1986 年，在巴菲特的引見下，葛蘭姆執行了她有史以來最大規模的收購案，以 3.5 億美元買下了首都城市傳播公司的有線電視資產。事實證明，這些事業體對於華盛頓郵報公司往後的發展極為重要。

1988 年初，在資產價格飆漲及開發行動電話系統需要龐大資本支出的考量下，她決定執行罕見的撤資計畫，以 1.97 億美元的價格出售公司的電話資產，創造了相當優異的投資報酬率。

1990 年早期的經濟衰退期間，當過度槓桿操作的同業都被迫退到場邊時，華盛頓郵報公司展現了極大的收購野心，趁著價格大跌之際，買下有線電視系統、營運欠佳的電視台，以及一些教育事業。

凱薩琳・葛蘭姆在 1993 年卸任董事長職務時，華盛頓郵報

公司是當時報社同業中最多元化的公司，有將近一半的營收及獲利來自報刊以外的事業。這種多元化的發展策略為華盛頓郵報公司的未來奠定了基礎，使之在她兒子唐納德的領導下，持續呈現優異的表現。

葛蘭姆的接班管理做得很好（並非所有家族控制的公司都可以做得這麼好）。她在 1980 年代晚期至 1990 年代早期便開始安排新一代公司領導人的接班事宜，包括唐納德（1991 年接替她，成為新任執行長），以及艾倫・史普恩（也在 1991 年接替其導師迪克・西門斯，成為新任營運長）。此外，在葛蘭姆七十六歲卸任之時，一些有才幹的年輕經理人也接下了日益重要部門的主管職務，包括有線電視部門的新任主管湯姆・麥特（Tom Might）以及教育部門的新任主管強納森・格雷爾（Jonathan Grayer）。他們的才幹與領導力，為華盛頓郵報公司

打造高績效，非典型執行長做對什麼？

高度效率的資金運用

在巴菲特的指導下，葛蘭姆成為效率極高的資本配置者，她

的資本配置方法有幾項特點,包括低於業界水準的股利與負債、高於業界水準的庫藏股買回、相對較少的收購,以及相當謹慎的資本支出方法。我們現在就從該公司的資本來源開始,進一步檢視這些特點。

在葛蘭姆任內,華盛頓郵報公司穩定產出豐沛的現金流量。1980 年代,隨著《華盛頓星報》停刊,再加上迪克‧西門斯提升所有營運單位的利潤,促使報紙發行營收劇增,獲利能力也隨之大幅提升。除了這一波的現金流量之外,公司還有其他兩個很少運用的資本來源:槓桿和資產出售。

葛蘭姆在運用負債方面大致相當謹慎,在其任內,華盛頓郵報公司一直維持業界最低水準的負債,只有幾次大規模舉債的記錄,最值得注意的是 1986 年,為了收購首都城市傳播公司的有線電視系統而執行的籌資計畫;不過,華盛頓郵報公司擁有豐沛的現金流量,三年之內便償付了大部分的債款。

在葛蘭姆的帶領下,華盛頓郵報公司和巴菲特的波克夏一樣,很少出售營運事業,而且積極避免分拆,偏好長期直接持有的模式,唯一的例外是 1988 年決定出售其行動電話資產,該次的出售產出了相當優異的利潤。

葛蘭姆很審慎部署這筆現金。她認為發放股利不符合稅務效

率,所以在其任內一直維持極低的股利水準。同樣地,此做法的反向操作性質值得我們特別強調,尤其又是出現在報紙產業——此產業的創辦家族通常擁有相當高的持股,而且某些成員一向相當仰賴股利收入。在葛蘭姆的帶領下,華盛頓郵報公司一直是同業之中支付最低股利的公司,因而擁有最多的保留盈餘。

葛蘭姆部署這些盈餘的方法是受到西門斯、巴菲特和另一位董事——首都城市傳播公司的丹伯克——的影響。所有資本支出決策都得通過嚴格的審核,具有吸引力的資本報酬率是通過審核的必要條件。如同艾倫・史普恩在接受訪談時說道:「這套系統完全集中化,所有多餘的現金都會送交至總部,經理人必須針對所有的資本企劃提出合理的說明。審核時必問的關鍵問題是『這一筆錢最好的運用方式是什麼?』,而公司在面對這個問題時相當嚴謹,而且會提出合理的懷疑。」[1]

此紀律使得葛蘭姆在投資實體廠房時,採用了比同業謹慎的做法。1980年代,其他大型報社都斥資數億美元安裝新印刷設備及印前處理設備,以縮短前置時間並進行彩色印刷,葛蘭姆則沒立即採取行動,成為了最後一位仰賴舊式印刷的主要發行人。她把昂貴的新廠房投資計畫延後到成本下降、效益也經同業印證後才執行。

有耐心及多元化是葛蘭姆在執行收購時，相當顯著的兩項特色。撇開1970年代中期和1990年代早期的兩次嚴重空頭走勢不談，在她執掌公司期間（從公司的首次公開發行起算），媒體產業的盈餘與計價倍數大致呈現向上趨勢。換言之，媒體資產的價值在她任內波動劇烈，而她證明了自己是引領公司走過這些趨勢的精明領航者。

　　葛蘭姆的活動量與此總體經濟的圖像完全吻合，兩個重要的庫藏股買回與收購時期都出現在她任期的開始與結束之時，中間隔著一段很長的閒置期，占了她任期絕大部分的時間。

▌11％現金報酬率的篩選標準

　　她會和董事會一起針對所有的潛在交易進行嚴格的分析測試。湯姆・麥特對於這點曾敘述說：「在不使用槓桿的情況下，收購標的在持有的十年期間，至少要有11％的現金報酬率。」事實證明，這個看似簡單的測試也是一個很有效的篩選器，如同麥特所言：「通過篩選的交易少之又少，公司收購的指導信念就是等到有合適的交易再採取行動。」[2]

　　就如我們所看到的，在1980年代的收購熱潮中，葛蘭姆大

致退到場外，略過許多大大小小的報紙收購。他的兒子唐諾德回顧時就說：「還好當初沒有執行這些交易，多一份大報對現在的我們來說，就像把船錨套到自己脖子上。」[3] 在此期間，華盛頓郵報公司唯一進行的報紙投資，是買下考爾斯媒體公司（Cowles Media，也就是《明尼亞波利斯星報》〔Minneapolis Star Tribune〕和幾份小日報的發行公司）的少數股權。這個少數股權是靠著葛蘭姆和考爾斯家族之間的長期友好關係，在拍賣場外以具有吸引力的價格購得。

巴菲特在此紀律中扮演了關鍵角色，他是葛蘭姆資產配置的上訴法院，負責權衡涉及資本投資的所有重大決策。他尤其會針對收購提供建議；不過，根據長期董事暨柯史法律事務所（Cravath, Swaine）合夥人喬治・吉爾斯畢（George Gillespie）的描述，巴菲特不會以命令的口吻提供建議：「他不會說：『別這麼做』，而是會以更巧妙的方式表達他的想法，譬如：『我或許會基於這些原因而不這麼做，不過無論你決定怎麼做，我都會支持。』」[4] 不過，他的理由總是很令人信服，而且通常能夠約束對方。

華盛頓郵報公司在葛蘭姆任內執行的收購，大部分都能帶領公司跨入新事業，這些新事業與報紙或傳播無關，競爭沒有那麼

激烈，評價也較為合理。在這些多元化的收購中，最重要的是讓公司在教育市場站穩腳跟的史丹利卡普蘭考試準備事業，以及1986年對首都城市傳播公司的大規模收購，此筆收購引領華盛頓郵報公司進入快速成長的有線電視市場。

首都城市傳播公司有線電視的這項交易規模非常龐大，而且就和收購考爾斯媒體公司的交易一樣，充分說明了葛蘭姆嚴格遵守收購紀律。當美國聯邦通訊委員會強制首都城市傳播公司，在收購ABC之後必須出售其有線電視系統時，華盛頓郵報公司在華倫・巴菲特的安排下，成為了唯一前去洽談的買家。葛拉姆當時體察出這是一個專為其提供的絕佳機會，於是在經過一週的密集討論後，她和她的團隊同意以每用戶1,000美元這個具有吸引力的價格收購這些系統，而且重點是，沒有任何的投資銀行家參與其中。

葛蘭姆在1990年代早期的經濟衰退期間一反常態地大肆收購，這些收購也對公司產生了深遠的影響。當過度槓桿操作的同業都被迫站到場邊時，擁有強健資產負債的她反成為了積極的收購者。華盛頓郵報公司趁著價格大跌之際，買下了一系列鄉村有線電視系統、幾家績效欠佳的德州電視台，以及一些教育事業，事實證明，這些收購都為華盛頓郵報公司創造了極大的利潤。

如同我們所看到的，買回庫藏股是葛蘭姆另一個主要的資金出口。在巴菲特以具有說服力的數學運算說明買回庫藏股的效用之後，她便全力展開買回計畫，最終買回近40%的股數，大部分都是在1970年代和1980年代早期，以個位數的本益比購得。透過大規模的庫藏股買回，葛蘭姆創造了巨大的利益，就像長期投資人東南資產管理公司（Southeastern Asset Management）的羅斯・葛羅茲巴哈（Ross Glotzbach）所言：「買回庫藏股的起跑點都不同——她是在對的時間買進了大量的庫藏股。」[5] 如圖5-2所示，她是報業經營者中唯一積極買回庫藏股的一位，必須克服一開始來自董事會的強烈反抗，喬治・吉爾斯畢在接受訪問時描述說：「在當時，買回庫藏股是非常不尋常的做法。」[6]（巴菲特從沒賣掉華盛頓郵報的持股，原本擁有13%的股份，如今已超過22%。）

說來諷刺，在1980年早期，麥肯錫顧問公司竟然建議華盛頓郵報公司停止其買回庫藏股的計畫。葛蘭姆曾經遵照麥肯錫公司的建議，停止這項計畫長達兩年多，後來才在巴菲特的協助下覺悟過來，於1984年重新展開買回庫藏股的計畫。唐諾德・葛蘭姆估計，華盛頓郵報公司為此項高價的麥肯錫建議，付出了數億美元的代價，他稱之為「有史以來最昂貴的諮詢任務」！

圖 5-2 華盛頓郵報公司是同業之中，唯一大量買回流通在外股數的公司（38.5%）

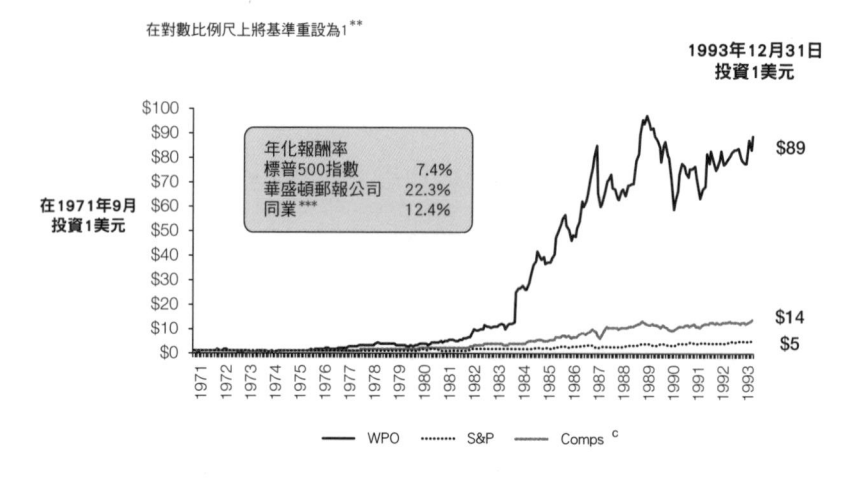

年化報酬率
標普500指數　7.4%
華盛頓郵報公司　22.3%
同業＊＊＊　12.4%

資料來源：Compustat 資料庫及證券價格研究中心（CRSP）。

▎人事是獲利的成長引擎

　　就較廣義的資源配置而論，葛蘭姆具備一項關鍵的管理特質：她能夠找出、並吸引人才加入其公司及董事會。她看起來雖然有些孤傲，不過她很會看人，就像艾倫・史普恩告訴我的：「她是一個高明的『召喚者』。」[7] 雖然在這些人當中，也不乏一些很有權勢的人，包括擔任董事職務的前國防部長羅伯特・麥克納馬拉，以及紐約精英公司柯史法律事務所出身的一群律師，不過，

她的許多用人決策都十分特別,而其中的兩項決策尤其突出。

第一項決策是1967年換掉長期擔任《華盛頓郵報》總編輯的羅斯‧威金斯,並指派《新聞周刊》默默無聞的年輕執行副總班‧布萊德利接任此職務。總編輯是必須為報紙內容及言論負全責的人,而報社發行人所制定的最重要的人事決策,應該就是決定總編輯的人選了。葛蘭姆斷定她需要一位較年輕的總編輯,以順應1960年代晚期快速變遷的政治情勢與文化。她是在和布萊德利一起吃午餐時,首次跟他提出這個想法,而講話向來葷素不忌的布萊德利,當時做出了這個著名的回應:「為了這份工作,付出我左邊的那顆,我也在所不惜。」之前沒有報業管理經驗的布萊德利,與赫赫有名而猶如教授的威金斯,在各個方面都是完全不同的兩個人。

不過,事實證明,他是一個很有膽識且直覺敏銳的總編輯,成功帶領報社走過1970年代獨家報導的榮耀與混亂。他就像是一塊強力磁鐵,能夠吸引年輕頂尖的新聞人才前來報社。由於報社人才濟濟,又勇於創新(例如推出美國第一個時尚版),使得發行量在1970與1980年代持續增加,為公司提供了獲利成長的關鍵引擎。

她的第二項決策是在1974年的嚴重下滑走勢中做出。當時,

有一位新的投資人大量購入公司的股票,導致公司內部相當焦慮,尤其是董事會,他們覺得這位新加入的投資人意圖相當可疑。葛蘭姆剛接任其職務時,董事會的成員包括了經驗豐富的當地商人和她丈夫的好友,她雖然對經營新聞業的事務愈來愈有把握,不過還是經常聽從他們對公司事務提出的意見和建議。

不過這一次,她沒有聽從董事會的建議,而是決定和這位新加入的投資人見面。令人欽佩的是,見了面之後,她立刻發現了他的獨特能力,於是便不顧董事會的反對,邀請這位新加入的投資人加入董事會,還請他當她事業上的知己和顧問,並吩咐他一定得「要溫柔,別讓我難受」。[8]

邀請巴菲特加入他們,在當時是一個不尋常且完全出自她個人判斷的決定。巴菲特在 1970 年代中期還是一個默默無聞的人,而對任何領導者來說,決定導師的人選是相當重要的決定。葛蘭姆的選擇非常明智,他的兒子唐納德對於這件事就曾說:「看出這位默默無聞的人其實是個天才,是她最厲害而較少獲得讚賞的能力。」

第三項人事決策是與 1981 年聘請西門斯有關,這項決策較合乎傳統,不過也一樣重要。由於她在營運方面缺乏經驗,所以決定營運長人選對她來說特別關鍵(且困難),她可是花了很長

的時間才找到合適的人選。她是個要求嚴格的人，而且不畏於進行人事變更，曾在 1970 年代撤換掉四位營運長，後來才找到西門斯。在接下來的十年，西門斯大幅緊縮營運開支，提升了報紙和電視台部門的利潤。

西門斯和葛蘭姆都偏好分權管理，他在她的支持下，分秒必爭地把合適的人安排至營運部門的關鍵職位。他也給予他下面的經理人充分的自主權，並依他們相對於同業的績效核定其薪資。

華盛頓郵報公司向來偏好分權管理和精簡總部編制的緣由，可以追溯至尤金‧梅爾和菲力普‧葛蘭姆（兩人都對他們自己的判斷很有信心，覺得沒必要聘請許多顧問），並在凱薩琳‧葛蘭姆和西門斯的執掌時期，變得更加專業化而且明確。葛蘭姆在費心找出合適的人選之後，就會放心地把一切交給他們，不會加以干涉。他的兒子唐諾德在巴菲特和丹伯克的影響之下，也承襲並且延伸了他母親的這項理念，他告訴我，他認為：「華盛頓郵報公司是現在國內，最 徹底落實分權管理的一家企業。」

葛蘭姆曾看過父親把報業的日常管理權交給她三十一歲的丈夫，在父親的影響下，她也不畏於把管理權責交給年輕有為的經理人。例如，她曾把公司有史以來最大規模的維吉尼亞州春田市印刷廠投資企劃案，交給當時年僅三十歲的湯姆‧麥特負責，他

後來以低於預算30%的成本搞定了這個案子，麥特後來接掌了公司的有線電視事業，也經營地有聲有色。艾倫・史普恩獲得公司營運長的任命時，年僅三十九歲，強納森・格雷爾獲得教育部門執行長的任命時，年僅二十九歲，唐諾德在獲得《華盛頓郵報》發行人的任命時，年僅三十三歲。

葛蘭姆儘管相當成功，但在近三十年的執行長任期，仍偶爾會陷入自我懷疑，還好她意志堅定、獨立自主，且不畏於制定會備受爭議的決策，包括拒絕頑強罷工者提出的要求、不屈服於尼克森政府的屢次威脅，或是不理會其他報業老闆對其太過執著於買回庫藏股或怯於收購的質疑。這位新手執行長最終留下了令其同業稱羨的新聞與財務資產，而且是以優雅的風格，自信瀟灑地完成這件事。如同班・布萊德利帶著懷念的笑容跟我說的：「她就是這麼有趣。」[9]

> 延伸閱讀
>
> ## 急速走下坡的報業
>
> 過去二十年，原本風光的報業急速走下坡，市場上幾乎找不到第二個比報業還要慘澹的行業了。報業曾經是華倫・巴菲

特心目中堅不可摧、如「寬護城河」（wide-moat）般的事業的完美典範，在地方廣告市場擁有無懈可擊的競爭優勢，但如今則已長期處於衰退趨勢。面對來自 Google 等網路競爭者的廣告競爭，大型報社無不奮力苦撐以維持獲利。幾家大型報社在過去幾年紛紛宣布破產，產業的股價也反映了此長期大幅衰退趨勢，在過去八年內跌逾 60%。

在唐諾德‧葛蘭姆的帶領下，華盛頓郵報公司雖不免遭到此長期產業逆風波及，但仍設法勝過同業，在其非出版事業大致表現強勁的推升下，華盛頓郵報公司在此時期只減損了 40% 的價值。

之前曾提過，執行長能打的就只有他們拿到的牌，而身為大型報業公司執行長的唐諾德‧葛蘭姆拿到的是很差的牌（但是多虧他母親致力多元化發展，所以即使很差，也比他的同業好很多），不過，由於他遵循母親的原則，慎選收購標的，積極擇機買回庫藏股（曾在 2009 年及 2011 年間買回 20% 的庫藏股），且維持低股利政策，所以即使手上是很差的牌，也打得比他的同業好很多。

反觀另一家也是由家族持有且相當知名的東北部報業上市公司——蘇茲貝格（Sulzberger）家族的紐約時報公司，這家公司不僅以過高的價格購入一家入口網站（Ask.com），還在曼哈頓精心建造新的總部大廈……然後，在同一時期則減損了近 90% 的價值。

第 6 章

公開槓桿收購
>> 比爾・史帝萊茲與普瑞納公司

> 你若發現自己是置身在長期一直有漏洞的船上,與其耗費精力修補漏洞,還不如直接換艘船來得有成效。——華倫・巴菲特

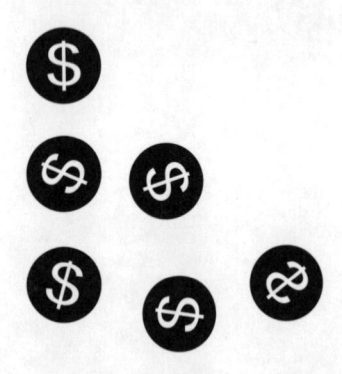

在過去五十年的大部分時期裡，大型的消費性商品公司，包括家喻戶曉的湯廚公司（Campbell Soup）、亨氏食品公司（Heinz）、家樂氏公司（Kellogg），都因為成長可預期、抗衰退，並且穩定配發股利，而成為市場上公認的頂級績優股。這些公司很少運用槓桿操作，穩定配發股利，而且幾乎很少買回庫藏股，是財務保守主義長期以來的完美典範。這些公司大多數都跟隨潮流，在 1960 及 1970 年代積極透過多元化一味追求綜效，許多公司為了追求難以掌握的「垂直整合」效益，最後都投入了餐飲及農業。

普瑞納公司是這些公司中相當典型的一家，在 1980 年代早期，普瑞納是《財星》百大企業，在生產農飼料產品領域中擁有悠久的歷史。1970 年代，在執行長哈爾‧迪恩（Hal Dean）的帶領下，普瑞納和同業走了相同的路，把其傳統飼料事業產出的豐沛現金投入一項多元化發展計畫，結果設立了一堆猶如大雜燴般的營運部門，包括：蘑菇和大豆農場、小丑魔術盒（Jack in the Box）速食連鎖餐廳、聖路易藍調（St. Louis Blues）曲棍球隊，以及科羅拉多州的基斯通滑雪場（Keystone ski resort）。1980 年當迪恩宣布退休時，普瑞納的股價十年如一日，完全沒變動。

迪恩宣布退休後，普瑞納的董事會為了尋找繼任者而展開徹

底的徵選，候選人名單中包括許多內外部人士，隨著徵選的展開，許多頂尖候選人一一出現，其中包括之後擔任 CBS 執行長的湯姆・威曼（Tom Wyman）。在徵選後期，一位較默默無聞的候選人（公司的資深員工，但不在優先考慮的內部候選人名單之列）不請自來地提交一份綱要給董事會，提綱挈領地詳述了他對公司的策略。深具影響力的董事瑪莉・威爾斯・勞倫斯（Mary Wells Lawrence，威爾斯瑞奇葛林〔Wells, Rich, Green〕廣告公司創辦人）讀了這份綱要之後，回覆說：「正中靶心。」幾天之後，這位候選人比爾・史帝萊茲便獲得了這份工作。

理智先生的改革思維

比爾・史帝萊茲的職涯道路和本書探討的其他執行長不同。他是業內的人，在四十七歲當上普瑞納的執行長之前，已在普瑞納服務了十七年；不過，他那看似合乎傳統的背景掩蓋的是超然獨立的思維模式，此思維模式促使他成為成效卓越的改革推手。在史帝萊茲接任執行長時，根本沒人預料到他會給普瑞納帶來徹底的轉變，而且還為食品及消費性商品產業的同業帶來更廣泛的影響。

史帝萊茲的執行長背景相當特殊，他曾是大學中輟生，只在阿肯色大學唸了一年，就因為沒錢繳學費而中輟學業，投效海軍四年。在服役期間，他努力磨練撲克牌技巧，之後便靠著這些技巧賺取大學學費。退伍之後，他回到大學重拾書本，在西北大學完成學業，主修商學。這位同事和華爾街分析師眼中的「理智先生」從未取得 MBA，反倒是在三十五歲左右取得了聖路易大學的歐洲歷史學碩士學位。

從西北大學畢業之後，他先是在貝氏堡公司（Pillsbury Company）找到了一份工作，從駐場代表做起，負責跟北密西根州的商家推銷公司的穀片（他最大的客戶是一個印地安人保留地）。史帝萊茲認為這種基層經驗是了解配銷通路基礎實務不可或缺的經驗。後來，他獲得提拔，當上了產品經理，此職務使他有機會更全面地接觸消費性商品的行銷。為了進一步了解媒體與廣告業務，他在兩年之後跳槽到加納德廣告公司（Gardner Advertising Agency）。在加納德，他開始對行銷量化法產生興趣，並在尼爾森收視率統計服務剛推出時就率先使用，這項服務讓他可以詳細了解市占率與促銷開支之間的關係。

史帝萊茲是在 1964 年加入普瑞納，他當時三十歲，被指派到雜貨產品部任職，此部門的產品包括寵物食品及穀片，長期被

視為普瑞納大企業中的「孤臣孽子」。他在那裡工作了幾年，慢慢升遷，在 1971 年當上了部門總經理。在他任內，部門業績大幅成長，營業獲利更在不斷推出新產品及拓展產品線的推升下增加了 50 倍。

史帝萊茲曾經親自監督普瑞納狗糧與貓糧的推出，這兩項產品的推出，是寵物食品產業史上相當成功的兩個案例。身為行銷者的史帝萊茲，極善於分析，對數字很敏銳，性情多疑，敏感而易怒，這些特質讓他在牌桌上和擔任執行長職務上相當吃香。

1981 年一接任執行長，史帝萊茲便毫不遲疑地積極重整公司。他充分體認到公司消費品牌產品的投資組合具有極吸引人的獲利特點，於是立即透過重組，把重心放在這些兼具高利潤及低資本支出特點的事業。他也立刻撤除前任執行長的策略根基，第一項措施就是積極出售獲利能力和收益未達其標準的事業單位。

史帝萊茲在執掌公司的早期，就賣掉小丑魔術盒速食連鎖餐廳、蘑菇農場和聖路易藍調曲棍球隊的經營權，其中尤以出售藍調曲棍球隊特別受矚目。在史帝萊茲賣出球隊經營權後，華爾街和當地企業界都認為，這位新執行長將會以全然不同的方式管理普瑞納。

接著，史帝萊茲又賣掉其他非核心事業，包括公司的大豆事

業及各式各樣的餐廳與餐飲服務事業，使普瑞納成為純品牌產品的公司。就這一點而論，他和華倫‧巴菲特早期執掌波克夏時的作風很像，巴菲特當時也是把投在低收益紡織事業的資金抽離，而部署到收益較高的保險與媒體事業。

從1980年代早期開始，史帝萊茲在克服最初來自董事會的抗拒後，展開了一項積極的庫藏股買回計畫。他認為買回庫藏股可以產出具有吸引力的報酬，因此買回庫藏股便成為了他往後資本配置的核心原則。在當時的主要品牌產品公司中，只有他這麼做。

自1980年代中期起，在完成第一輪的撤資之後，史帝萊茲進行了兩筆大規模的收購，這兩筆的金額加總起來高達普瑞納企業價值的30%，大部分的資金都是透過舉債籌措而來。第一筆收購是把生產Twinkies奶油夾心蛋糕和奇異麵包（Wonder Bread）的大陸烘焙公司（Continental Baking），納入普瑞納的麵包事業。大陸烘焙公司是從多元化企業集團ITT購得（大陸烘焙是ITT裡唯一且逐漸走下坡的消費性商品事業）。在普瑞納的管理之下，大陸烘焙公司不僅擴大配銷，排除冗餘成本，還推出了新產品，使得現金流量大幅提升，為公司創造了顯著的利益。

汰弱留強

接著，在 1986 年，史帝萊茲執行了他有史以來的最大筆的收購，也就是以 15 億美元買下聯合碳化物（Union Carbide）的勁量電池（Energizer Battery）部門，此收購金額相當於普瑞納企業價值的 20%。當時，剛經歷博帕爾事件（Bhopal Disaster）[1] 的聯合碳化物，營運非常艱辛，而其電池部門雖有強大的品牌，卻是長期被忽略的非核心事業。和 ITT 一樣，聯合碳化物也是一個缺乏消費產品行銷專業且積極尋找買主的賣家。史帝萊茲後來是以一般公認的原價贏得競標，買下了這項資產。他認為這項資產擁有兩項獨特且具吸引力的特點，分別是持續成長的雙寡頭市場，以及欠缺管理的營運。

和他在大陸烘焙公司落實的策略一樣，史帝萊茲也立即展開行動，提升勁量電池的產品與行銷（包括製作由勁量兔主演的知名廣告）、加強配銷及排除冗餘成本。經過這一連串的行動之後，史帝萊茲改造普瑞納的第一步已完成。到了 1980 年代晚期，普瑞納消費性商品的營收比重已提升至近 90%。

此次的轉型對公司的關鍵營運指標造成了顯著的影響。事業重心轉移至品牌產品後，普瑞納的稅前利潤率從 9% 成長至

15%，股東權益報酬率增加了一倍多，從15%成長至37%，再加上股份基礎縮減，使得每股盈餘及股東報酬率均呈現優異的成長。

在1980年代的最末期，史帝萊茲繼續最佳化他的品牌組合，慎選撤資及收購標的，把無法產出可接受收益的事業賣掉（或關閉）。這些撤資的標的含括績效欠佳的食品品牌，其中包括罕見的收購敗筆「范德坎」（Van de Kamp's）冷凍海鮮部門，以及公司的傳統農業飼料事業「普瑞納米爾斯」（Purina Mills，當時的普瑞納米爾斯已成為長期低收益且發展前景受限的商品事業）。他把收購重心放在核心的電池及寵物食品品牌，特別是那些在滲透率不足的國際市場上經營的品牌。這些決策都是在仔細分析潛在報酬率之後制定。

在1990年代全期，史帝萊茲的重心是放在持續擇機買回庫藏股、偶爾執行收購，以及運用「分拆」這種相當新的重組手段，來合理化普瑞納的品牌組合。在此過程中，史帝萊茲逐漸體認到，即便公司的權力結構相當分散，某些事業還是沒有獲得來自內部或華爾街應有的關注。為了改善此情況並將稅額降到最低，史帝萊茲開始運用分拆。

分拆就是把一個事業單位從母公司轉移至一個新公司實體，

並按持股比例給予母公司股東新公司的股份，母公司股東可自行決定持有或出售這些股份。重點是，分拆不僅可以突顯較小事業單位的價值、讓管理階層更團結，更可延後支付資本利得稅。

史帝萊茲在1994年開始把一些較小的品牌（包括Chex穀片和滑雪場）分拆出來，並組成一家名為Ralcorp的新公司，以此做為分拆計畫的開端。新公司仍由他擔任董事長，擁有一個獨立的董事會及兩位共同執行長。史帝萊茲接著繼續合理化及最佳化普瑞納的事業體，於1998年以取得杜邦股票的方式（避開資本利得稅），把公司剩餘的農業事業（其中包括快速成長的蛋白質技術事業）賣給了杜邦公司（DuPont）。

他的最後一次分拆，也是截至目前為止最大規模的一次，是在2000年把相當於15%公司企業價值的勁量控股公司分拆出來。這些分拆出來的獨立上市公司表現都非常突出，例如原本只是把一些被忽視資產集合起來的Ralcorp，如今已擁有50億美元的企業價值。

經過這一系列的分拆之後，普瑞納在新千禧年到來之際，成為寵物食品專營公司，也是至今為止美國市場上頗具主導力的公司。普瑞納注意到，淘汰不相關的事業會使公司的核心寵物食品品牌在策略收購者面前更具吸引力，而在2001年，果真就有收

購者前來洽談收購事宜，這位收購者就是雀巢（Nestle）。經過一番廣泛的討論之後（史帝萊茲一如往常地親自處理討論事宜），這個瑞士巨擘同意以 104 億美元的創紀錄天價買下普瑞納，相當於普瑞納公司現金流量的 14 倍，此筆交易是史帝萊茲在普瑞納任內的巔峰之作。

在其他同業呈現出色報酬的時期，史帝萊茲的績效更是突出。在他十九年的任期，史帝萊茲把普瑞納改造成精簡的消費性商品公司，因而推升了公司的價值。由圖 6-1 可看出，如果在史帝萊茲成為執行長時投資 1 美元，十九年後，這 1 美元已變成了 57 美元，相當於 20.0％的年化報酬率，遠優於其同業（17.7％）和標普 500 指數（14.7％）。

打造高績效，非典型執行長做對什麼？

計算勝率的資本配置

麥可・莫布新（Michael Mauboussin）是美盛集團（Legg Mason）現今備受尊崇的投資者。他曾在 1980 年代中期服務於德崇證券（Drexel Burnham），這段期間他的第一項研究，便是報

圖 6-1 投資 1 美元買普瑞納的股票

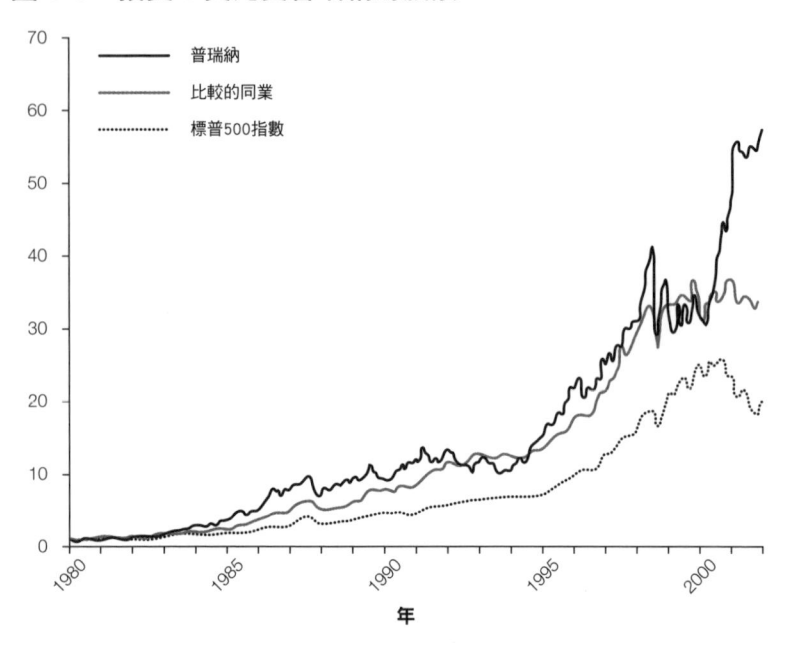

```
普瑞納
比較的同業
標普500指數
```

導史帝萊茲及普瑞納公司，因此對這位特立獨行的普瑞納執行長產生敬佩之意，並且在早期根據他導師艾倫‧葛瑞帝特（Alan Greditor，史帝萊茲頗為尊重的傑出華爾街分析師）的報告，製作了一份探討普瑞納的詳盡研究報告。在葛瑞帝特的指導下，莫布新漸漸領略史帝萊茲的特殊資本配置方法。

當我請莫布新說明史帝萊茲與眾不同的成功關鍵是什麼時，他是這麼跟我說的：「想要有效配置資本⋯⋯就必須具備特定的

性格。想要成功，你就必須像投資人一樣，不動感情且基於可能性來思考，並且要具備一定程度的沉著，而史帝萊茲恰好擁有這種思維模式。」[2]

史帝萊茲把資本配置比喻成打撲克牌，其中的關鍵技巧在於能夠計算勝率、解讀對手的個性，並在勝率極大時下重注。他既是積極的收購者，也會適時出售事業，或是分拆他認為成熟或被華爾街低估的事業。

長期擔任高盛分析師的諾美・蓋茲（Nomi Ghez）跟我強調說，食品產業在傳統上一直是很賺錢、可預期、大致呈現低成長的產業。在這些上市公司的執行長中，只有史帝萊茲看出這些特色，並且擬定出一套新方法來最佳化公司利益。事實上，他會透過積極部署槓桿，來大幅提升報酬率、淘汰獲利能力較差的企業、收購相關企業，以及積極買回庫藏股，徹底改變了既有的模式。他採用的方法與私募股權投資公司先驅，例如KKR集團（Kohlberg Kravis Roberts），如出一轍。KKR集團曾經成功瞄準績效欠佳的消費性商品公司，像是貝萃斯食品（Beatrice Foods），以及之後的雷諾納貝斯克（RJR Nabisco），進行早期的一些大規模槓桿收購（LBO）──事實上，史帝萊茲也是貝萃斯食品及雷諾納貝斯克的競標者，不過沒得標。他也曾參與吉列

（Gillette）以及佳得樂（Gatorade）的競標，不過也一樣沒成功。

在史帝萊茲任內，普瑞納主要的資金來源是內部現金流量、舉債，以及集中於早期的資產出售的收益。

營運現金流量是史帝萊茲執掌公司時，相當重要且持續增加的資金來源。在他的管理下，普瑞納的利潤穩定增加，反映公司重心轉向品牌產品，以及更加精簡分權的營運理念。到了出售予雀巢之時，普瑞納已成為消費性商品產業中利潤最高的公司。

史帝萊茲是消費性商品公司的執行長中，率先使用借貸的先驅，此做法對這個長期以來財務管理作風十分保守的產業而言，簡直是異端；不過，史帝萊茲了解，審慎運用槓桿可以大幅提升公司的報酬率，並且認為，擁有可預期現金流量的企業應利用舉債提升公司的報酬率，所以積極運用槓桿，籌措買回庫藏股收及收購的資金，他最大的兩筆收購，勁量電池及大陸烘焙，就是以此方式措籌資金。在他任內，普瑞納一直維持高於業界水準的負債現金流量比，如圖 6-2 所示。

史帝萊茲採用的出售與撤資方法隨著時間的推移慢慢進化。他一開始是出售未達其獲利能力與收益標準的非核心事業，例如蘑菇農場和曲棍球隊，出售這些資產是公司早期的重要資金來源。史帝萊茲認為，沒有非保留不可的事業，只要未達到標準就

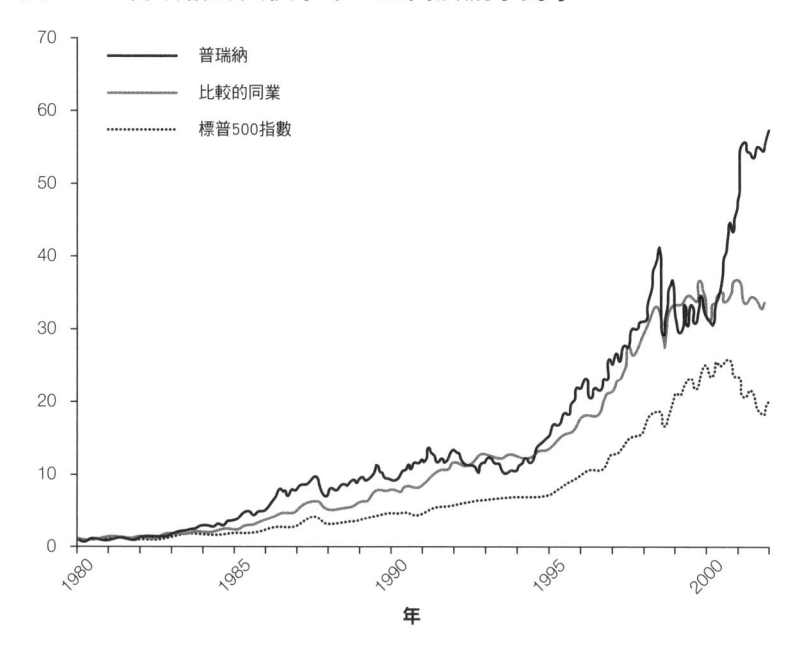

圖 6-2　普瑞納的負債水準一直高於競爭對手

1982 年到 2000 年的負債 EBITDA 比
資料來源：證券價格研究中心（CRSP）及公司申報文件。
注：負債 EBITA 比的計算公式為：EBITDA ／（應付票據 11 年內到期長期負債
＋長期負債）

該淘汰，就連上一代傳承下來的飼料事業也不例外。莫布新表示認可地對我說：「史帝萊茲知道資產的價值，並且會以合適的價格出售。」[3] 在此時期，他的重心是放在以最好的價格出售非核心資產，並將資金重新部署至收益較高的消費性商品事業，例如勁

量電池及大陸烘培等品牌。

不過，史帝萊茲最後體認到，出售資產不符合稅務效率，於是開始分拆公司，他認為這麼做，一方面可以釋放企業的活力與創造力，另一方面也可延後支付資本利得稅，可謂一舉兩得。從一開始，史帝萊茲就相當肯定分權管理的價值，致力於減少公司的科層層級，並把公司主要事業的職責與自主權下放給關係緊密的一群經理人。他認為分拆事業能夠進一步朝此方向邁進，達到「最極度的分權」，為經理人和股東提供透明度和自主權，此外，相較於母公司的大集團架構，這麼做也能更直接根據經理人的營運成果給薪。

事實證明，史帝萊茲也是個很精明的賣家。在 1980 年代早期積極執行初步的撤資之後，他接著只執行過兩次的資產出售，這兩次的規模都很龐大。第一次是把普瑞納的蛋白質技術事業賣給杜邦，杜邦出了很高的價格收購，而且史帝萊茲選擇以持有杜邦股票的方式出售，所以可以延後支付資本利得稅。另一項撤資行動是把普瑞納賣給雀巢，如同我們已經看到的，此筆交易是以創紀錄的 104 億美元成交。史帝茲如今雖然承認，這個價格很具有吸引力，但是一想到雀巢事業的強大實力以及其股東必須支付的資本利得稅，他便後悔當初沒有要求雀巢支付股票。

除了年復一年地穩定支付債息、內部的資本支出，以及發放（極少的）股利之外，史帝萊茲主要把現金運用於買回庫藏股以及收購，而他執行這兩項交易的方式具有濃厚的機會主義色彩。

在公開市場擇機實施庫藏股

史帝萊茲是消費性商品產業中，率先執行買回庫藏股的先行者。在1980年代早期，也就是他開始買回庫藏股之時，庫藏股買回仍是相當不尋常、且具爭議性的做法。有一位普瑞納董事在當時就說道：「你為何想要縮減公司的規模？難道沒有任何其他值得投入的成長計畫了嗎？」不過，史帝萊茲認為，買回庫藏股是他最有可能進行的投資，在說服董事會支持他之後，他成為積極的庫藏股買回者，最後買回高達60％的普瑞納股票，在本書探討的執行長中，他僅次於亨利・辛格頓。這些股票後來為他賺進很有吸引力的報酬，長期平均內部投資報酬率達13％。

不過，他也是相當節制的買家，寧願在公開市場擇機買回，也不願執行較大規模的公開收購，以免過早抬高股價。他都是趁本益比跌落至週期性的低點時持續買回。（史帝萊茲甚至還親自洽談了買回庫藏股的經紀費率折數。）

史帝萊茲認為，買回庫藏股的收益是其他內部資本投資決策的便利指標，尤其是收購。如同長期擔任其副手的帕特・穆卡伊（Pat Mulcahy）所言：「我們一直都把買回庫藏股的報酬當做投資決策的報酬門檻。如果我們有些許的把握某項收購能夠超越此報酬，這項收購就值得執行。」[4] 反之，如果某項潛在收購的報酬無法明顯超越買回庫藏股的報酬，史帝萊茲就會略過這項收購。

史帝萊茲在收購時，會鎖定公司的優勢，購買他認為可透過普瑞納的行銷專業及配銷力提升的事業。他偏好前任經營者管理不善的公司，而且並非巧合的是，他的兩個最大規模的收購，包括大陸烘焙與勁量電池，都是原本在大企業集團內不受重視的小部門。這兩筆收購的長期報酬都相當出色──勁量電池在十四年間產出21%的年化報酬率，大陸烘焙則在十一年的持有期間產出13%的報酬率。

史帝萊茲會以直接接洽賣家的方式爭取收購，盡量避開競爭激烈的競標。例如，大陸烘培的收購就是透過直接致函ITT董事長蘭德・艾拉斯科（Rand Araskog）爭取而來，所以避開了競標。

史帝萊茲認為，普瑞納只應尋求在保守假設下報酬具有吸引力的機會，他認為詳細的財務模型只是假精準，所以不屑採用，而是把焦點放在少數幾項關鍵變數，包括市場成長、薪資、改善

營運的潛力,以及必要的現金產出能力。他曾經告訴我說:「我在乎的,真的就只有輸入模型的關鍵假設。我最先想要了解的是,在市場內的潛在趨勢,也就是市場的成長以及競爭動力。」[5]

他的徒弟,也就是後來執掌普瑞納的帕特‧穆卡伊,如此描述史帝萊茲在執行開創性的勁量電池收購時所使用的方法:「當收購勁量電池的機會浮現時,我們這幾個人在下午一點開會,取得賣方的帳冊後,跑了簡單的槓桿收購模型,下午四點再開一次會,便決定出價 14 億美元了。一切就是這麼簡單。我們知道該把重心放在哪裡,沒有大規模的研究,也沒有銀行家介入。」[6] 再強調一次,史帝萊茲的方法(類似於湯姆‧墨菲、約翰‧馬龍、凱薩琳‧葛拉姆和其他人使用的方法)是用一張紙搞定一切,全力聚焦於關鍵假設,而非長達四十頁的預測分析。

史帝萊茲對消費性商品產業早期的槓桿收購有相當的了解,並且有意識地運用類似私募股權投資的思維模式。針對他的管理觀念,穆卡伊作了很棒的總結:「史帝萊茲經營普瑞納的方式有點像是槓桿收購。他率先看出在現金流量充沛且可預期的情況下,提高槓桿的好處……他直接把消耗現金的事業淘汰掉(無論這些事業的起源為何)……並透過大規模的買回庫藏股,以及偶一為之且符合公司報酬目標的收購,更深入地投資於現有的強大

事業。」⁷

　　史帝萊茲懂得掌握消費性商品行銷專業的重點，擁有敏銳的財務頭腦，並把重心放在 EBITDA 及年化報酬率等新穎的指標（這些指標後來逐漸成為剛起步私募股權投資產業的共通語言），避免使用財報盈餘及賬面價值等較傳統的會計基準（這些是華爾街當時偏好的財務指標）。他尤其不屑參考賬面價值，某一次他難得出席產業會議時，曾直接公開表示：「賬面價值對我們產業來說，一點意義也沒有。」根據長期分析師約翰・比爾巴斯（John Bierbusse）的說法，此話一出，全場人士詫異不已，陷入沉默。莫布新補充道：「你必須擁有剛強的意志，才能略過賬面價值、每股盈餘和其他不一定與獲利現實相關的標準會計指標。」⁸

▍領導力就是分析力

　　史帝萊茲十分獨立，對外部顧問的建議不屑一顧。他認為市場太過強調「魅力」這項管理特質，然而分析技巧才是執行長的重要必備條件，也是獨立思考的關鍵：「若是缺乏這項特質，執行長就得任憑他們的銀行家和財務長擺佈。」史帝萊茲注意到，

許多執行長都是出身自不要求這種分析能力的職務領域，例如像是法務、行銷、製造、銷售等，但是他認為缺乏這項特質是相當嚴重的缺陷。他的忠告很簡單：「領導能力就是分析能力。」

這種獨立的思維使他對外部顧問抱持根深蒂固且近乎不信任的懷疑態度，尤其是投資銀行家。史帝萊茲曾用「寄生」這個字眼形容投資銀行家。他在使用顧問方面十分精準，不但會盡量減少人數，還會針對目標審慎選用，且總會積極洽談費用。他曾經因為覺得銀行家索價過高，而暫時擱置數10億美元的雀巢交易。他會刻意針對不同的交易使用不同的銀行家，讓他們知道他不是非得找他們不可。

他還有一個眾所熟知的作風：他習慣獨自出席重要的「盡職調查」會議或協商，一個人面對會議桌對面眾多的銀行家和律師，而且十分享受這種特立獨行的作風。一位當時高盛的銀行家曾向我敘述，在雷諾納貝斯克出售期間，某次深夜「盡職調查」會議的一段往事：史帝萊茲那時獨自來到高盛辦公室的會議室，只帶了一本黃色標準拍紙簿，開始逐一確認關鍵的營運資料，然後報上他的出價，便回家睡覺了。他積極參與且享受投資的過程，在賣出普瑞納之後，開始積極管理一家主要由他出資的投資合夥公司。

史帝萊茲很珍惜自己的時間，避免加入高調又耗時的慈善委員會，也避免參加「多半是在浪費時間」的輕鬆午餐聚會。如同他所解釋的：「這些活動占用太多時間了，所以我不去參加。」不過，他倒是會騰出自己的時間，去參加別家公司的董事會，他認為這是絕無僅有、能讓他接觸新情境和新想法的機會。

他總是積極吸收各種來源的新想法，在這方面，他就像是狡滑的狐狸和吸力強大的海綿。長期擔任產業分析師的約翰・麥克米林（John McMillin）曾經這樣寫道：「有些人是創新者，有些人會借用別人的想法，而史帝萊茲兩者都是（這是在恭維他）。」[9] 他會特別挪出時間，心無旁騖地獨自處理企業內的關鍵問題，不論是在佛羅里達州的海灘，或是在他位於聖路易的居家辦公室。

他避免和華爾街進行耗時的互動，維持分析師約翰・比爾巴斯所謂的「有點像是電影女星葛麗泰・嘉寶（注：瑞典國寶級電影女演員，她演過的電影幾乎都有一句經典台詞：「我想要獨處。」）的特質」，也很少和分析師交談，幾乎不曾出席會議，而且從不發布季度指示。[10]

到了1990年代中晚期，史帝萊茲的異端行為變成了正統行為，幾乎所有同業都以差不多的方式落實他的策略，包括撤回非核心資產的資金、買回庫藏股，以及收購對其核心產品線有助益

的事業。不令人意外的是，2001年，就在他的策略廣受業界認同，再加上消費性商品企業的計價倍數創新高之際，史帝萊茲突然轉向，以創紀錄的價格把普瑞納賣給了雀巢，此舉再次讓同業摸不著頭腦。

> **延伸閱讀**
>
> ## 最近的相似案例：莎莉公司
>
> 在距離史帝萊茲執掌普瑞納逾三十年的今天，同業仍持續仿效他的做法，最近一家（或許也是最後一家）效法史帝萊茲的消費性商品公司是莎莉公司。過去五年來，莎莉公司在執行長布蘭達・芭妮斯（Brenda Barnes）和馬塞爾・史密茲（Marcel Smits）的帶領下，出售其非核心事業、買回13%的庫藏股、維持高槓桿操作，產出了令同業相形見絀的利潤。截至撰稿為止，莎莉公司才剛拒絕來自一個私募股權公司財團對其整家公司的收購要約（以明顯高於其先前股價的出價）。另一方面，莎莉公司則是宣布將分拆其高獲利的咖啡與茶品事業，並支付可觀的一次性股息。這聽起來是不是很熟悉呢？

第 7 章
做堅守祖先封地的領主
▸▸ 迪克・史密斯與大眾戲院

> 一小群真正有才幹的人所能創造的價值,著實引人注目。——
> 大衛・瓦果,普特南投資公司(Putnam Investments)

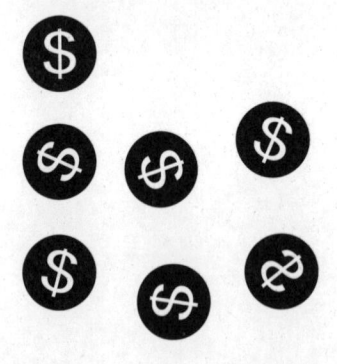

打造大眾汽車戲院（General Drive-In）的菲利浦·史密斯（Philip Smith），在 1962 年因為心臟病發猝死。史密斯在 1908 年從俄羅斯搬來波士頓，打了各種零工之後，終於在剛起步的五分錢電影院事業找到人生的方向。他先從引座員做起，接著晉升為驗票員，最後獲得提拔，成為波士頓市中心一家電影院的總經理。1922 年，也就是艾爾·喬森（Al Jolson）突破電影「聲障」（注：艾爾·喬森主演的《爵士歌手》〔The Jazz Singer〕上映，成為首部運用維塔聲音同步系統〔Vitaphone〕的有聲電影，宣告電影正式跨入有聲時代）的前五年，他跟朋友和家人借錢，在波士頓的北角（North End）開了一家戲院。

在接下來的四十年，史密斯從新英格蘭地區開始蓋戲院，接著拓展至中西部，打造了一個成功的戲院連鎖事業。他是汽車戲院的先驅，也是眾人眼中見多識廣的經營者。在此一年之前，也就是 1961 年，他為公司申請上市，以籌措資金，建造更多的汽車戲院。在史密斯六十二歲英年早逝之後，他兒子迪克立刻接任其職務，成為大眾汽車戲院的執行長，當時他三十七歲。

在接下來的四十三年，這位新手執行長以這個不甚出色的戲院連鎖事業為開端，打敗了大盤，累計績效超越標普 500 指數逾 11 倍。迪克·史密斯是透過一家上市公司達成這些成果（這家公

司就是由其創辦的家族所掌控），不過，他是把這家公司當成私有公司在經營，並以絕無僅有的耐心致力於多元化發展，轉移公司現金流量的部署重心，先是從漸趨成熟的汽車戲院事業轉移至購物中心影城，然後再轉移至全然不同的事業線。

　　史密斯都是在沉寂很長一段時間之後，進行偶爾一次的大型收購。他在任內一共執行了三次重大的收購（一次是在 1960 年代晚期，一次是在 1980 年代中期，一次是在 1990 年代早期），三次都是在不相關的領域，包括軟性飲料裝瓶事業（美國飲料公司〔American Beverage Company〕）、零售事業（卡特霍利霍爾公司〔Carter Hawley Hale〕），以及出版事業（哈考特－布雷斯－朱萬諾維奇出版公司〔Harcourt Brace Jovanovich〕）。在經過這一連串的交易之後，這家區域性的汽車戲院公司轉型為十分成功的消費性商品集團。

　　有許多公司都曾嘗試把經營觸角延伸至其產業之外，不過成功的例子是少之又少。眾所周知，這種多元化的收購很難執行，時代華納和美國線上（AOL）就是很好的例子，不過，史密斯這位相較之下缺乏經驗、因為是家族成員的繼任者，卻成功辦到了。事實上，他在大眾戲院的任期可說是一段漫長的連續再造過程，也是一連串成功退場的故事——一次在 1980 年代晚期，一

次在 2003 年，一次在 2006 年。這種能進能退的多元化投資與撤資計畫不僅非常特殊（雖然和亨利・辛格頓在泰勒達因的做法有些類似），並且為大眾戲院這家公司創造了可觀的利益。

從本業發現商機

迪克・史密斯 1924 年出生於麻薩諸塞州的牛頓市，是家中的長子。他們一家四口的感情十分緊密。他從小開始，就利用週末和假日在家族公司打工。大學之前唸的是劍橋市的預備學校，1946 年畢業於哈佛大學，取得工程學學位。他曾在二次大戰期間擔任海軍工程師，戰爭結束後不想念 MBA，而是直接回到家族企業工作。1956 年，在史密斯三十二歲時，他父親讓他成為正式的合夥人。

在父親去世之後，史密斯積極把公司的戲院版圖拓展至郊區購物中心，成為第一家進駐購物中心的戲院。史密斯是業界最早發現郊區戲院將隨著強大潛在人口趨勢蓬勃發展的人，為了把握此商機，他發展出兩項革命性的新做法。

第一項創新做法與新戲院的融資有關。拓展戲院的傳統做法在於強調要擁有土地，以利長期控制資產和申請抵押融資；不

過,史密斯體認到,座落在良好地段的戲院可以迅速產出可預期的現金流量,於是便率先利用租賃融資建造新戲院,大幅降低前期投資的成本。這項做法讓史密斯能夠以最少的資本投資,快速拓展大眾戲院的戲院版圖。

他的第二項創新做法是增加每家戲院的螢幕數,以吸引更多觀眾進場,並最佳化高利潤的販賣部營業權的銷售。實施了這兩項創新的做法之後,大眾戲院在 1960 年代全期及 1970 年代早期,透過投資新戲院賺進了豐厚的利潤;不過,到了 1960 年代晚期,史密斯體認到,戲院不可能這麼一直無止盡地成長下去,於是便開始朝向多元化努力,尋找能更有長期發展前景的新事業。

1968 年,史密斯買下總部位於俄亥俄州的美國飲料公司(當時美國國內與百事可樂配合的最大獨立裝瓶廠),這是他轉型的起點。史密斯是透過戲院販賣部的營運權熟悉飲料事業,在得知美國飲料公司可能出售時,他立刻展開行動。這筆由史密斯洽談的交易不僅極具吸引力(以 5 倍現金流量的價格成交),而且非常龐大,相當於當時公司企業價值(EV)的 20％以上。史密斯利用他在不動產領域的專業,以出售美國飲料公司的製造工廠並於售後回租的方式籌措收購金,對於當時想到的這個妙招,他至

今仍相當自豪。

史密斯從小在戲院長大，之前接觸的都是實體資產，在收購美國飲料公司後，他第一次接觸無形資產（例如飲料品牌），且漸漸愛上了具有寡占性質、資本報酬高、長期成長趨勢又頗具吸引力的飲料事業。他特別喜歡百事可樂裝瓶界的動態，因為這個圈子勢力分散，有許多公司已傳到第二代或第三代，很有可能出售其事業，不像可口可樂的體系是由少數大型獨立廠商主宰。此外，由於百事可樂是排名第二的品牌，所以其特許經營權的售價往往比可口可樂的便宜。

在買下美國飲料公司後，史密斯取得了一個真正的平台公司，亦即可以輕鬆且有效率地把其他公司附加上去的公司。美國飲料公司發展出規模優勢之後，史密斯了解到，他可以用表面上賣方公司現金流量好幾倍的價錢買下新的經營權，並立即透過縮減開支、節稅以及行銷專業，降低實際的購買價格。體悟到此點後，史密斯開始積極收購其他經營權，包括 1973 年的美國百事可樂、1977 年的百事可樂裝瓶公司，以及 1977 年的華盛頓特區經營權。

和在戲院事業一樣，史密斯與其團隊既是創新的行銷者，也是有效率的經營者。美國飲料公司持續致力於縮減成本，利用其

規模優勢降低飲料罐的價格,並且直接在國際市場上採購糖,避開母公司漲價的風險。在落實這些措施之後,美國飲料公司擁有了領先業界的利潤。除了百事可樂的經營權以外,史密斯也買下其他飲料的經營權,例如,七喜及胡椒博士(Dr. Pepper)。1976年,美國飲料公司與最大柳橙生產商的合作商家合作,共同生產「香吉士」橘子汽水,並且從他們的配銷網路配銷出去。美國飲料公司最終總共是投資了2000萬美元來推出香吉士汽水,1984年則以8700萬美元的價格把它賣給Canada Dry飲料公司,產出優異的投資報酬。

為鞏固主業,跨足零售

建立飲料事業之後,史密斯開始尋找能為大眾戲院的凳子裝上「第三支腳」的事業。為了達成此目標,大眾戲院在1970年代晚期及1980年代早期,進行了幾次較小規模的廣播媒體事業收購,買下幾家電視台及廣播電台;不過,由於史密斯嚴守出價紀律,使得大眾戲院的出價都不超過兩位數計價的倍數(兩位數計價倍數是當時廣播產業的行情價),所以儘管大眾戲院從小規模的媒體投資組合賺得了很好的報酬,卻從未成為該產業的要

角。對此,長期投資者普特南投資公司的鮑勃・貝克(Bob Beck)表示,大眾戲院「錯失了良機」。[1]

史密斯的收購方式隨著時間的推移慢慢進化。自 1980 年代早期起,史密斯與其團隊開始擇機進行偶爾一次的大型收購,並投資於他認為遭到低估的上市公司的少數股權。這些投資是運用史密斯所謂的「參與式投資」策略追求多元化,試圖透過數量龐大的少數股權投資爭取董事席次,並與管理團隊共同改善營運及提升價值。

在 1980 年代的前五年,史密斯投入了三項參與式投資,分別是哥倫比亞電影公司(Columbia Pictures)、赫布蓮公司(Heublein),以及吉百利公司(Cadbury Schweppes)。後兩家公司當時的管理團隊對大眾戲院的投資抱持懷疑的態度,甚至顯露了毫不遮掩的敵意,因此大眾戲院沒有取得任何董事席位,史密斯也在一兩年內賣掉了所有的部位。這些投資雖然產出頗具吸引力的收益,卻未達成多元化的大目標;不過,情況在 1985 年 4 月大眾戲院財務長伍迪・艾夫斯(Woody Ives)接起電話的那一刻,出現戲劇性的轉變。電話是摩根士丹利投資銀行家艾力克・葛利切(Eric Gleacher)打來的,那通電話讓大眾戲院找到了「第三支腳」。

葛利切打電話來是為了洽談卡特霍利霍爾（CHH）的案子。CHH 是一個上市的零售企業集團，擁有幾家百貨公司和連鎖的專賣零售店。當時，有限服飾（The Limited）女裝連鎖店執行長萊斯利‧韋斯納（Leslie Wexner），剛剛對 CHH 提出惡意併購的出價，於是 CHH 便聘請葛利切幫忙尋找所謂的「白色騎士」，也就是能夠買下相當比例股票的友善投資者，以逼退惡意的併購者。

艾夫斯一開始對葛利切描述的案子興趣缺缺，不過，在繼續聽下去之後，他意識到這有可能是一個重大的機會。時間十分緊迫，他們必須在隔週二之前做出回應，不過艾夫斯認知到，能夠在這麼緊迫的時程內達成任務的買家，在洽談交易上勢必擁有極大的影響力。艾夫斯掛上電話之後，便去找迪克‧史密斯與管理團隊的其他重要成員討論這件事。當天下午 5 點時，他們已在前往 CHH 洛杉磯總部的飛機上了。

他們在週末展開密集的盡職調查與協商，週日傍晚便達成協議。週一（愛國者日，波士頓的國定假日），他們匆忙聯合三家銀行籌組銀行團，籌措這筆交易的貸款，到了週三，也就是葛利切初次打來之後的一週又一天，雙方便完成了交易。史密斯與其管理團隊已對收購的標準及程序瞭如指掌，所以能在這麼緊迫的

時程內達成任務。很少有上市公司能夠動作這麼快地執行如此龐大的交易。

投資CHH說明了史密斯善於把握機會，而且願意在有把握的情況下下重注。此筆交易不僅龐大（相當於大眾戲院企業價值的40％以上）複雜，也很有吸引力。艾夫斯與CHH談判後達成了以下的協議：大眾戲院持有CHH的特別股，此特別股不僅確保大眾戲院享有10％的收益，允許大眾戲院在CHH績效良好時，把特別股轉換成40％的普通股，還包含了以固定價格買進沃爾登圖書公司（Waldenbooks，CHH的獨資子公司）的選擇權。「最後，我們不但申請到利息6-7％，並且可以扣抵10％稅額的貸款，還爭取到可轉換的選擇權，讓我們最後得以出售尼曼馬可斯集團（Neiman Marcus Group），以及買進沃爾登圖書公司的選擇權。」[2] 花一個週末努力爭取到這些，算是挺不賴的。

最後，大眾戲院以其40％的CHH持股，換取CHH專賣零售部60％的控股權。CHH專賣零售部的主要資產是尼曼馬可斯連鎖百貨公司。CHH的投資不僅幫大眾戲院賺進高達51.2％的長期收益，也促使大眾戲院毅然決然跨入零售這個具備成長前景、且與飲料和戲院事業不相關的新事業。

完美退場

1980年代晚期，史密斯看出了兩個令他擔憂的新興趨勢：可口可樂剛完成品牌活化，使百事可樂在區域市場備受威脅；飲料產業的獲利特點在市場上逐漸獲得肯定，使得飲料特許經營權的價格大幅上漲。面對這些不利的趨勢，他縱使百般不願意，還是決定研究看看出售飲料事業的可能性，最後終於在1989年，以創紀錄的價格把飲料事業賣給了百事可樂的母公司。出售此事業後，大眾戲院手邊多出10億美元的現金，於是史密斯又開始尋找收購標的，繼續朝多元化發展。

過沒多久，他就發現一個合適的標的。1991年，在歷經十八個月的波折後，史密斯終於完成他的最大規模、同時也是最後一筆的收購：在複雜的競標中，標得哈考特－布雷斯－朱萬諾維奇出版公司（HBJ）。HBJ是教育暨科學類書籍的出版龍頭，旗下還擁有一個測驗中心以及一家轉職就業服務公司。自1960年代中期起，在執行長威廉・朱萬諾維奇（William Jovanovich）的經營下，這家出版公司簡直變成他個人的王國。1986年，HBJ收到背叛者英國出版商羅伯特・馬克斯維爾（Robert Maxwell）的惡意併購出價，為了不讓他得逞，朱萬諾維奇取得金額龐大的貸

款，出售 HBJ 的遊樂園事業，並且把大筆的股息配發給股東。

這一連串的行動雖把馬克斯維爾逼退了，卻也使公司陷入無力償債的窘境。由於 HBJ 未履行合約，又未支付債款，導致其債權的交易價格陷入折價，幾位禿鷹投資者，包括阿波羅投資公司（Apollo Investments）的里昂・布萊克（Leon Black），開始買進 HBJ 錯綜複雜的債權證券。

在營運陷入停滯之際，威廉・朱萬諾維奇宣布退休，由他的兒子，也就是長期擔任 HBJ 高階主管的彼得（Peter）接下他的職位。1990 年晚期，HBJ 聘請美邦公司（Smith Barney）執行出售程序。大眾戲院的管理團隊在得知此消息後，開始積極研究 HBJ 的複雜資本結構。儘管他們一向厭惡競標，不過他們斷定，HBJ 相當符合大眾戲院的收購標準，所以決定積極參與此次競標。

他們也認為 HBJ 錯綜複雜的資產負債表（投資銀行家凱撒・斯韋策〔Caesar Sweitzer〕把 HBJ 的資產負債表形容為「公司金融學的進階先修課程」），可能會使其他買家卻步，讓資本雄厚且動作快速的獨立買家有機會談到具有吸引力的價格。[3] 與許多 HBJ 債權人進行協商後，史密斯同意以 15.6 億美元買下 HBJ，相當於大眾戲院當時企業價值的 62%，可說是一筆極大的賭注。此價格相當於 HBJ 核心出版資產的 6 倍現金流量，相較於可比較的

交易頗具吸引力（史密斯最後以 17 倍現金流量的價格賣掉了這些事業）。表 7-1 列出了此交易的來源與用途，可以看出 HBJ 的複雜性以及債權方。

1991 年收購 HBJ 後，大眾戲院將其成熟的戲院事業分拆成一家獨立上市公司：「大眾戲院公司」（GCC），好讓管理階層把心力集中在較大規模的零售以及出版事業。在接下來的十年內，史密斯與其管理團隊著手經營零售與出版事業。2003 年，史密斯把 HBJ 的出版資產賣給了里德・愛思唯爾集團（Reed Elsevier），到了 2006 年，他們又把大眾戲院投資組合中僅存的尼曼馬可斯

表 7-1　大眾戲院（GC）收購哈考特－布雷斯－朱萬諾維奇（HBJ）的財務資料

	最初開價	最終開價
	14.6 億美元	15.6 億美元
HBJ 普通股	1.3 美元（現金）	0.75 美元（GC 股票）
HBJ 特別股	1.3 美元（現金）	0.75 美元（GC 股票）
HBJ 優先債	本金的 93%	本金的 100%
HBJ 優先次順位債	77%	91%
HBJ 次順位債	45%	47.5%
HBJ 零息債券	32.4%	40.975%
HBJ 實物支付債券	40%	47%

資料來源：大眾戲院／哈考特－布雷斯－朱萬諾維奇聯合徵求委託書聲明第 32、40、46-47 頁。

（NMG）賣給一個私募股權買家財團。兩筆交易都創下了該產業的評價紀錄，可說為史密斯和大眾戲院劃下完美的句點。

父親的去世把史密斯意外推上了執行長的位置，在執掌大眾戲院的四十三年間，史密斯繳出漂亮的成績單（見圖7-1），為他的股東產出高達16.1％的年化報酬率，使標普500指數（9％）和奇異公司（9.8％）相形失色。如果在1962年初投資1美元購買迪克‧史密斯公司的股票，到了這段期間結束之時，這1美元已變成了684美元；如果把這1美元拿來投資標普500指數，則會變成43美元；如果拿來投資奇異公司，則會變成60美元。

打造高績效，非典型執行長做對什麼？

合議式決策

史密斯管理大眾戲院的方法相當特殊。他與三位志同道合的高階主管密切合作，共同經營這家公司，這三位主管分別是財務長伍迪‧艾夫斯、營運長鮑勃‧塔爾（Bob Tarr）、企業法務律師山姆‧弗蘭肯海姆（Sam Frankenheim）。他把他們的小組正式命名為「主席團」。主席團每週開會，開會時，史密斯會積極鼓

圖 7-1 史密斯公司的整體股東投資報酬率大幅超越標普 500 指數和可比較公司的報酬率

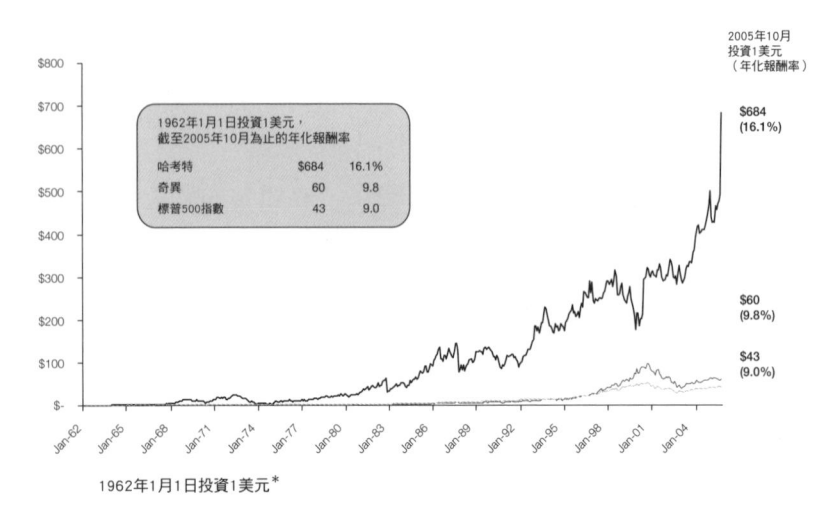

1962年1月1日投資1美元，截至2005年10月為止的年化報酬率

哈考特	$684	16.1%
奇異	60	9.8
標普500指數	43	9.0

2005年10月投資1美元（年化報酬率）
$684 (16.1%)
$60 (9.8%)
$43 (9.0%)

1962年1月1日投資1美元*

資料來源：證券價格研究中心（CRSP）。

注：尼曼馬可斯集團（NMG）在 1989 年 10 月分拆給大眾戲院（GC）股東，哈考特大眾（Harcourt General）在 2001 年 7 月賣給里德‧愛思唯爾集團。為了掌握 2005 年 10 月出售 NMG 予德州太平洋集團（TPG）及華平投資集團（Warburg Pincus）產出的報酬，我們假設出售予里德‧愛思唯爾集團的收益再次投資於一個每年價值成長速度為露卡迪亞（Leucadia）和標普 500 指數該年平均值的有價證券（露卡迪亞和標普 500 指數在 2001 年 7 月至 2005 年 10 月間的年化報酬率分別為 17.7% 與 0.7%）。

* 假設領到股息（稅率 35%）時再次投資於該公司的普通股。

勵他的高階主管進行辯論。大眾戲院的長期投資銀行家，凱撒‧斯韋策，把這些會議形容為「以有建設性的合議方式所進行的摔角比賽」。[4]

史密斯甚至願意接受其他主席團成員駁回他的意見。大眾戲院公司才略過人的財務長伍迪・艾夫斯，現在都還記得他在大眾戲院最得意的一刻（艾夫斯之後跳槽到東方資源公司〔Eastern Resources〕，領導一次成功的整頓），就是董事會在史密斯讓他提出異議後，否決了與康卡斯特公司和 CBS 共同成立合資企業的提案：「他允許我在所有董事面前公開反對他的意見。很少有執行長會願意這麼做。」[5]

大眾戲院的總部編制相當精簡。公司把總部設在一間大眾戲院旁邊，前方是麻薩諸塞州粟山區（Chestnut Hill）一棟平凡無奇的購物中心。史密斯很得意地說，這個位於郊區的辦公空間實際上是零租金，因為戲院的收入已足夠支付整棟綜合大樓的租金。史密斯把日常的營運交給主席團和部門主管管理，很少花時間和投資人溝通（根據分析師鮑勃・貝克的看法，他和投資人溝通的時間「只能算是勉強足夠」）[6]，而是把大部分的時間用在處理策略和資本配置問題。

這一小群經理人是以極有效率的方式在經營大眾戲院。長期媒體投資人大衛・瓦果跟我分享了一份他寫的會議報告，其中記錄的是他與大眾戲院的管理階層在收購 HBJ 後，立即召開的會議內容。由這份報告可以看出他們的簡報很乾淨俐落，不僅清楚闡

述執行此交易的理由,還附上具體指標和報酬目標的資料,完全沒有不相關的廢話。另一個值得注意的重點是,大眾戲院後來達成了(甚至是超越了)每項目標。就如瓦果在提到大眾戲院團隊時所說的:「一小群真正有才幹的人所能創造的價值,著實引人注目。」[7]

不到四十歲就當上執行長的史密斯,不怕把管理權交給沒有豐富經驗的年輕主管。例如,1974 年,史密斯便聘請了當時三十七歲、且無營運經驗的銀行家艾夫斯擔任公司的財務長;在 1978 年,他任命了當時三十四歲、曾當過潛艇指揮官的哈佛 MBA 塔爾擔任飲料部總裁。後來,他也聘請了三十五歲的保羅・德爾・羅西(Paul Del Rossi)來經營公司的戲院事業。

依照史密斯的說法,高階主管的薪資「具有競爭力,但不特別優渥」。[8] 不過,大眾戲院有透過選擇權和一個慷慨的認股計畫(公司會在規定的上限內,配發給員工與其認股數目相同的股數)配股給重要的經理人。伍迪・艾夫斯認為,這些措施的最終效果是讓管理團隊「覺得自己就像老闆……我們全都是股東,而且我們的行為也反映了這件事」。[9]

把現金盈餘視為關鍵指標

史密斯的資本配置紀錄相當優異。他在任內的三個主要現金來源分別是：營運現金流量、長期負債，以及偶爾出售龐大資產所獲得的收益。

戲院事業由於營運資本需求為負值（顧客先付錢，買電影的錢則是九十天之後才付給電影製片廠），資本需求又低（戲院建好後，幾乎不太需要花大錢維護），所以擁有充裕的現金流量。這些具有吸引力的獲利特點對迪克‧史密斯的企業管理觀念有很深遠的影響，從早期開始，他就把重心放在最大化現金流量，而非最大化傳統的每股盈餘（EPS）。

我和史密斯在他辦公室見面時，他把 1962 年（也就是他擔任執行長的第一年）的年報拿給我看，一再強調淨收入並非評估公司績效的關鍵指標，「現金盈餘」（Cash earnings 淨盈餘加折舊）才是。這或許是這個專有名詞首次出現在美國商業用語。長期擔任大眾戲院財務長的伍迪‧艾夫斯也曾經直接表示說：「我們一直把重心放在產出現金，」在史密斯任內，大眾戲院持續產出高水準的營運現金流量。[10]

史密斯不屑發行股票，事實上，自公司首次公開發行起，他

就幾乎沒再發行股票,直到 1991 年基於 HBJ 交易的節稅考量,才發行了數量極少的股票。如同他跟我說的:「我們從不發行股票。我就像是一位堅守祖先封地的領主!」

不過,大眾戲院倒是會策略性地利用舉債籌措收購款項,他最大的兩筆收購──卡特霍利霍爾公司和哈考特-布雷斯-朱萬諾維奇出版公司,就是全數透過舉債來籌措收購金額。因此,從 1980 年代中期起,大眾戲院的負債現金流量比一直維持在至少 3 倍的水準,如此不僅可以增加收購的報酬,還有助於降低稅額。

降低稅額是大眾戲院另一個重要的資金來源,在此方面,大眾戲院也採取了與眾不同的做法,而史密斯更是這方面的先驅。長期擔任大眾戲院稅務顧問的迪克・丹寧(Dick Denning)曾經跟我說過:「他們經驗老到⋯⋯不羞怯於找尋和利用新的節稅想法。」在史密斯任內,大眾戲院的平均稅率為 33%,同一時期的公司稅稅率則將近 50%,由此可見,這項節稅計畫的成效顯著。

如我們所看到的,執行長在出售大型部門或大規模事業時,幾乎都得承受來自外部股東的壓力;不過,迪克・史密斯(和本書的比爾・安德斯與比爾・史帝萊茲一樣)是十分傑出的賣家,曾經三度以創紀錄的價格出售龐大的部門,包括 1989 年出售的飲料事業、2003 年出售的 HBJ 出版事業,以及 2006 年出售的尼

曼馬可斯集團（NMG）。在每個個案中，他都是在事業成長前景黯淡且處於高評價時，不惜大幅縮小公司規模地積極出售該事業。

2006 年，史密斯看出，進一步拓展尼曼馬可斯連鎖百貨公司不僅需要投入龐大的資本（增設一間店需要投入 5000 萬美元的資本），營運上也頗具挑戰性。此外他還發現，善於以低成本舉債的私募股權公司正以創新高紀錄的價格收購頂級零售資產，於是便聘請高盛幫忙處理尼曼馬可斯的出售事宜。在經過正式的拍賣後，最終由德州太平洋集團（Texas Pacific Group，TPG）率領的財團以驚人的現金流量倍數，買下了尼曼馬可斯集團。

史密斯唯一沒有出售的成熟事業，是他父親傳下來的電影院事業：「大眾戲院公司」。到了 1990 年代晚期，電影映演事業的競爭愈來愈激烈。不過，大眾戲院公司並沒有出售戲院部門（據說在 1980 年代晚期，有人曾經開了一個很有吸引力的價格，想要買下史密斯的戲院），而是嘗試現有的戲院，找到留存的理由，俾利和國內如雨後春筍般林立的大規模影城競爭。大眾戲院公司關閉部分的戲院，擴大部分戲院的規模，並且花錢投資新的投影技術，但是都徒勞無功。到了 1990 年代晚期，大眾戲院公司再也沒有能力償還債務，因而宣布破產，這是史密斯罕見的挫敗。

▌從其他買家卻步的標的中尋找收購機會

　　史密斯把不同來源的現金部署到收購、庫藏股買回和資本支出這三個主要的資金出口。大眾戲院公司支付的股利極少，總是持有大量的現金，並耐心地等待具有吸引力的投資機會出現。

　　史密斯所收購的事業都具有幾個共通點。首先，這些事業都是穩健成長、品牌備受肯定的市場領導者。其次，這些事業都是透過使其他買家望之卻步的交易而伺機取得，比如說，在 CHH 的例子中，沒有其他的買家能夠像他們一樣，如此快速地反擊有限服飾的惡意併購；在 HBJ 的例子中，則是沒有其他的買家像他們一樣，願意花不少時間釐清對方複雜的資本結構，並且與眾多不同層級的債權方洽談。再者，投資這些事業，就大眾戲院的規模來說，都是很大的賭注——大眾戲院投入這些事業的收購金額，相當於收購當時他們整體企業價值的 22% 至 62%。

　　史密斯長期穩定地買回大眾戲院的庫藏股，最終一共買回公司三分之一的庫藏股，這些股票的長期年化報酬率高達 16%。當赫布蓮公司為了因應大眾戲院在 1982 年實施的參與式投資計畫，而反過來大量購入大眾戲院的股票時，史密斯一舉買回了 10% 的庫藏股，這是他最大規模的單筆買回。

大眾戲院在資本支出方面可說是相當自律，只把資本投入能夠產出充裕現金收益的項目，例如，大眾戲院早期的郊區戲院便產出了可觀的收益，飲料部門也規劃了頗具吸引力的內部投資方案。這些高標準也是大眾戲院在投資其他事業時的評估依據。HBJ 出版事業擁有的實體資產極少，資本需求很低；不過，尼曼馬可斯的資本需求則相當高。

　　相較於大眾戲院的其他事業，零售事業是資本需求較高的事業；不過，史密斯在尼曼馬可斯看到的，是前任企業主經營不善的獨特品牌。史密斯之所以願意偶爾投入龐大資本，設立新的尼曼馬可斯分店，是因為他認為藉由展現尼曼馬可斯的成長潛力，大眾戲院可以在退出經營時，溢價出售尼曼馬可斯（大眾戲院在擁有尼曼馬可斯的二十年間，只設立了十二間分店；新買主一定會想要設立好幾倍的分店），此邏輯在尼曼馬可斯以天價出售時，獲得了充分的印證。

　　和訪問首都城市傳播公司的情形一樣，我在訪問大眾戲院的前高階主管時，也深刻感受到他們那具有感染力的熱忱，以及患難與共的革命情感。這群主管攜手合作，帶領公司跨入一系列截然不同的新事業。在每個新事業體，他們都以領先業界的利潤和優異的報酬，證明其優異的經營實力。史密斯成功塑造出一個開

放的環境,給予這群才略過人的主管充分的自主權,讓他們覺得自己就像是企業主。當史密斯被要求為這家公司做結論時,他是眼神發亮地說:「我們都玩得很盡興。」而就像伍迪‧艾夫斯在提到他的持股時所說的:「要是我從來都沒有賣出一張股票就好了。」[11]

第 8 章

資本飛輪推動事業

▸▸ 華倫・巴菲特與波克夏

> 你先塑造你的機構,你的機構接著就會塑造你。——溫斯頓・邱吉爾
>
> 宇宙中最強大的力量就是複利。——愛因斯坦
>
> 當執行長使我成為更好的投資者,反之亦然。——巴菲特

波克夏是位於麻薩諸塞州新伯福（New Bedford）的一家百年歷史紡織公司，幾世代以來一直由賈斯（Chace）和史丹頓（Stanton）這兩個當地的家族所擁有。照理來講，這家走過新英格蘭企業輝煌歲月而漸趨沒落的公司，應該不太可能成為1965年早期惡意併購的鎖定目標——至少就這家公司年逾古稀而個性固執的執行長希伯利・史丹頓（Seabury Stanton）看來確實是惡意；不過，由於史丹頓拒絕和一位心懷不滿的大股東見面，因而樹立了一個難以對付的強敵。

在漫長的委託書爭奪戰之後，這家公司最後被這位最令人跌破眼鏡的併購者併購了——他是一位默默無聞、長著招風耳的三十五歲有為青年，來自內布拉斯加州，名叫華倫・巴菲特。巴菲特當時經營了一家小型的投資合資公司，這家公司位在奧馬哈（Omaha）一棟不起眼的辦公大樓內，在此之前，他完全沒有管理經驗。

不過，他和1980年代那些惡名昭彰的槓桿收購大亨很不一樣。首先，他沒有那麼惡意，在展開收購之前已先和賈斯家族建立密切的關係。其次，他沒有舉債，此做法和電影《華爾街》（*Wall Street*）的男主角戈登・蓋高（Gordon Gekko）與「槓桿收購」手法的創始人亨利・柯拉維茲（Henry Kravis）相去甚遠。

相較於其賬面價值，購買波克夏的價格相當便宜，這一點很吸引巴菲特。當時，波克夏在競爭殘酷的商品（西裝襯裡）市場中處於弱勢地位，市值只有 1800 萬美元。緊接在這個不起眼的開端之後的，是史無前例的優異成果；而若是以長期的股票績效來衡量，其他執行長的績效和這位先前留著小平頭的內布拉斯加州青年，簡直差了十萬八千里，而且這些優異的報酬是源自於這家原本漸趨沒落的新英格蘭紡織公司，這家公司現今的市值已翻漲至 1400 億，而且股數幾乎沒有變動。當年巴菲特以每股 7 美元買下他的第一批波克夏股票；自本書英文版完成的 2012 年為止，波克夏股票的價值已超過每股 12 萬美元。（注：自 2021 年 4 月後，每股超過 40 萬美元。）

巴菲特如何讓這家不起眼的公司脫胎換骨？投資人的背景對他管理波克夏的方法有何影響？這整個過程是一段很有趣的故事。

葛拉罕的得意門生

華倫・巴菲特在 1930 年出生於內布拉斯加州的奧馬哈時，這裡已是他的家族落地生根之處。他的祖父經營了一家當地知名

的雜貨店,他的父親是奧馬哈市中心的股票經紀人,之後當上國會議員。巴菲特遺傳到他們平易近人的個人風格。他很早便展現創業天分,六歲就開始打工,一直持續到高中,做過的工作和生意包括送報、自動販賣機和轉售非酒精飲料。他曾在華頓商學院短暫就讀,後來轉校,二十歲畢業於內布拉斯加州大學,並開始申請商學院。

巴菲特一直對股市很感興趣,十九歲拜讀了班傑明・葛拉罕的《智慧型股票股資人》(The Intelligent Investor)之後,像是獲得天啟般,矢志成為價值投資人,遵循葛拉罕的公式,買進股價顯著低於淨營運資本(亦即所謂的「net-nets」)的公司。他開始運用此策略,把早期打工和做生意賺得的收入(大約 1 萬美元)拿去投資。申請哈佛商學院被拒之後,他前往哥倫比亞大學師從葛拉罕。後來,他成為葛拉罕班上的風雲人物,並且獲得葛拉罕在哥倫比亞大學執教二十多年來的第一個 A+。

1952 年畢業之後,巴菲特請葛拉罕安排一個他投資公司的職務給他,但被葛拉罕拒絕了,於是,巴菲特便回到奧馬哈找了一份股票經紀人的工作。他介紹給客戶的第一家公司是政府僱員保險公司(GEICO),這是一家直接把保險賣給政府僱員的汽車保險公司,剛開始之所以會吸引巴菲特的注意,是因為葛拉罕是這

家公司的董事長；不過，在更深入研究 GEICO 之後，他發現 GEICO 不只擁有重要的競爭優勢，還具有「安全邊際」——葛拉罕以此名詞用來指遠低於內含價值（一個經驗豐富且充分掌握資訊的投資人會支付的價格）的價格。巴菲特把自己大部分的身家財產投入這家公司，並試圖說服他公司的客戶也投資這檔股票，不過，他後來體認到這根本就是強迫推銷，而且也發現經紀事業與他喜愛的投資研究相去甚遠。

在這段期間，他和葛拉罕保持聯絡，持續把他的選股想法寄給葛拉罕。最後，在 1954 年，葛拉罕終於心軟，提供了一份工作給巴菲特。巴菲特於是搬回紐約，在接下來的兩年為葛拉罕研究 net-nets（他後來用「菸屁股」這個生動的比喻，來形容這些便宜、同時往往體質不良的公司）。1956 年，葛拉罕解散了他的公司，把重心轉移至其他他感興趣的事情（包括翻譯古希臘悲劇詩人埃斯庫羅斯〔Aeschylus〕的作品），於是巴菲特便返回奧馬哈，與親友一起籌資 105,000 美元，成立了一家小型投資合資公司。這時，他的身家財產已成長至 14 萬美元（換算成現今的幣值，相當於 100 多萬美元）。

在之後的十三年，巴菲特繳出了漂亮的成績單，若與歷史更悠久的道瓊工業指數相比（注：道瓊指數在 1896 年 5 月 26 日公

布第一項純粹工業股票平均指數,創造了今天的道瓊工業平均指數。標普 500 指數則成立於 1957 年),在沒有運用槓桿的情況下,每年的績效都大幅超越(見表 8-1)。這些成果大致是運用葛拉罕的深度價值投資法達成;不過,巴菲特在 1960 年代中期進行了兩筆大投資;分別是美國運通和迪士尼,這兩筆投資並沒有遵循葛拉罕的原則,預示其投資理念已開始轉向更優質且具備強大競爭障礙的公司。

表 8-1　巴菲特合資企業的投資成果(單位:百分比)

	巴菲特合資企業	道瓊	差異
1957 年	10.4	(8.4)	18.8
1958 年	40.9	38.5	2.5
1959 年	25.9	20.6	5.3
1960 年	22.8	(6.2)	29.0
1961 年	45.9	22.4	23
1962 年	13.9	(7.6)	21
1963 年	38.7	20.6	18
1964 年	27.8	18.7	9
1965 年	47.2	14.2	33
1966 年	20.4	(15.6)	35
1967 年	35.9	19	14
1968 年	58.8	7.7	51
1969 年	6.8	(11.6)	18
平均	30.4	8.6	21.8

第 8 章　資本飛輪推動事業　231

1965 年，巴菲特透過巴菲特合資企業，買下了波克夏的控制權。他經營這家合資企業四年多，持續繳出漂亮的成績單，接著，在 1969 年，面對 1960 年代晚期多頭走勢下的高價，他突然解散了這家公司（並非偶然的是，同一年亨利・辛格頓也停止了泰勒達因的收購計畫）；不過，他仍然保留他在波克夏的所有權權益，將之視為執行未來投資活動的工具。

買下波克夏的控制權後，巴菲特立刻任命肯・賈斯（Ken Chace）為新執行長。在賈斯的帶領下，公司在前三年產出了 1400 萬美元的現金，這是因為賈斯降低庫存、出售多餘的廠房與設備，再加上紡織業經歷了（罕見的）週期性獲利激增。這筆資金則大部分都用來收購國民保險公司（National Indemnity）。國民保險公司是一家能產出巨額可運用資金的利基保險公司──可運用資金指的是保險公司在理賠之前產出的保費收入。巴菲特有效地運用這筆可運用資金，把它拿來投資上市的證券與獨資企業，包括《奧馬哈太陽報》（*Omaha Sun*，在奧馬哈發行的一份週報），以及伊利諾州羅克福德（Rockford）的一家銀行。

與此同時，在波克夏之外，巴菲特開始與查理・蒙格展開更密切的合作。查理・蒙格與巴菲特一樣來自奧馬哈，是一位傑出的律師兼投資人，在西岸居住及工作，後來與巴菲特成為知己。

在1980年代早期,蒙格與巴菲特把他們在波克夏的合夥關係正式化,蒙格接下了波克夏的副董職務,並且持續擔任至現今。

投資風格轉變

通貨膨脹是1970年代全期至1980年代早期,影響波克夏年報的關鍵因素。當時的傳統智慧認為,硬資產(金、木材等)是最有效的通膨避險工具;不過,巴菲特因受到蒙格的影響,再加上他已不再採用葛拉罕的傳統方法,所以獲得不同的結論。他認為低資本需求且有能力提高售價的公司,才是真正最能抵禦通膨侵蝕的標的。

因此,他選擇投資消費品牌和媒體資產,亦即擁有「特許經營權」、市場主導地位或品牌的事業。隨著投資標準的轉變,他的持股期間變長了,而此重大的轉變為長期稅前投資價值帶來了複利效果。

此轉變意義重大,值得再次強調。巴菲特在職業生涯的中期,徹底改變了自己的投資方法,從著重於資產負債表和有形資產這種經證實可賺錢的方法,轉變成展望未來、且著重於損益表與難以量化的資產(例如品牌和市占率)。至於安全邊際,巴菲

特現在是以現金流量折現和私有市場價值來判斷,而非以葛拉罕偏好的淨營運資本來計算。這與差不多在同一時期,巴布 狄倫(Bob Dylan)爭議性地放棄木吉他,而改彈電吉他沒什麼不同。

這個結構性的轉變在 1970 年代逐漸顯現於波克夏的保險投資組合——波克夏在此時期,持續增加其對媒體和品牌消費產品公司的投資比重。到了 1970 年代結束之際,此轉變已徹底完成,巴菲特此時的投資組合包括時思糖果(See's Candies)和《水牛城新聞報》(*Buffalo News*)的完整所有權,以及《華盛頓郵報》、GEICO 和通用食品的龐大股票部位。

延伸閱讀
轉捩點:時思

代表巴菲特的投資重心從「菸屁股」轉移至「特許經營權」的一項關鍵投資,是 1972 年收購的時思糖果。巴菲特和蒙格是以 2500 萬美元買下時思,當時,這家公司有 700 萬美元的有形賬面價值與 420 萬美元的稅前純益,也就是說,他們支付的金額超過了賬面價值的 3 倍,不過只有稅前淨利的 6 倍。若是以葛拉罕的標準來看,時思的價格很貴,所以他連碰都不會碰;不過,巴菲特和蒙格在時思看到的,是一個深受喜

愛的品牌,擁有極佳的資本報酬率,以及尚未開發的定價能力,於是他們立刻任命查克‧哈金斯(Chuck Huggins)為新執行長,積極開發此商機。

自從收購後,時思的出貨量幾乎沒有成長;不過,由於時思擁有強大的品牌,所以能夠持續提高售價,在波克夏前二十七年的投資期間,產出了高達32%的年化報酬率。(1999年之後,時思的營運成果不再以個別的財報呈現。)

在過去三十九年,最初以2500萬美元投資的時思,已把16.5億的自由現金送到他們的奧馬哈總部。巴菲特一直很有技巧地重新部署這筆現金,而時思已成為波克夏成功的關鍵基石。(有趣的是,購買價格在產出這些報酬所扮演的角色相對不重要:要是巴菲特和蒙格支付的價格是當初的兩倍,報酬率仍可達到相當可觀的21%。)

1980年代的前五年,巴菲特的重心是放在把獨資企業加入公司的投資組合,並在1983年以6000萬美元買進內布拉斯加州傢俱賣場(Nebraska Furniture Mart),1985年以3.15億美元買進利基型工業事業集團:斯科特費澤公司(Scott Fetzer)。1989年,他執行了截至當時為止的最大筆投資,亦即撥出5億美元幫助他的朋友,首都城市傳播公司執行長湯姆‧墨菲,收購ABC。巴

菲特和波克夏最終持有此合併公司18%的股份，而這家公司也成為了繼GEICO和華盛頓郵報公司之後，他的第三支「永久」持股。

從1美元到1萬美元

在1987年10月市場崩盤之前，巴菲特已賣掉其保險公司投資組合的大部分股票，只留下他的三大核心部位。在完成首都城市傳播公司的交易之後，他暫停了公開市場的投資，直到1989年，才又宣布他已完成波克夏史上最大規模的投資：他把相當於波克夏賬面價值四分之一的資金拿去投資可口可樂公司，買下了可口可樂7%的股票。

1980年代晚期，巴菲特進行了少數幾筆投資，買進幾家公開發行公司的可轉換優先證券，包括所羅門兄弟（Salomon Brothers）投資銀行、吉列、全美航空（US Airways），以及冠軍工業（Champion Industries）。這些證券不僅提供有利繳稅的配息，能為波克夏帶來具有吸引力的收益，還可在公司績效不錯時轉換成普通股，享受價格上漲的報酬。

1991年，所羅門兄弟公司涉入一起重大的金融醜聞，遭指控

操控政府短期國庫券的標售價格,巴菲特臨危授命,接下臨時執行長職務,幫助所羅門兄弟公司度過危機。他全心全意投入這個案子九個多月,安撫了監管機關,任命了一位新執行長,並嘗試合理化所羅門兄弟錯綜複雜的賠償金方案。最後,所羅門兄弟只支付了相當小筆的和解費,便又恢復到昔日熱絡交易的景象。1996年底,巴菲特將所羅門兄弟以90億美元賣給桑迪・魏爾(Sandy Weill)的旅行者公司(Travelers Corporation),大幅超出巴菲特的投資成本。

1990年代早期,巴菲特持續在公開市場上慎選並執行大規模的投資,包括1990年的富國銀行(Wells Fargo)、1992年的通用動力,以及1994年的美國運通。隨著1990年代的進展,巴菲特再次把重心轉移至收購,此波的收購在兩筆重大的保險交易中達到了高潮,這兩筆交易分別是1996年以23億美元買下GEICO的另一半股份,以及1998年以220億美元的波克夏股票買下再保險公司「通用再保」(General Re),這是波克夏史上的最大筆交易。

1990年代晚期和2000年代早期,巴菲特趁機買進幾家私有公司,其中有許多家是九一一恐怖攻擊後失寵的產業,包括蕭氏地毯公司(Shaw Carpets)、班傑明摩爾塗料公司(Benjamin

Moore Paints），以及克來頓房屋公司（Clayton Homes）。他還透過他與奧馬哈友人，奇維建設（Kiewit Construction）前執行長沃爾特・史考特（Walter Scott）設立的合資企業，進行一系列電力公用事業的重大投資。

在這段期間，巴菲特也積極投入傳統股票市場以外的各種投資領域。2003年，他把龐大的資金（70億美元）重押在當時嚴重失寵的垃圾債券，靠此賺進了可觀的收益。2003年及2004年，他把巨額的資金（200億美元）拿去投資外匯兌美元的匯率。2006年，他宣布波克夏執行了第一筆國際收購，以50億美元買下總部位於伊色列的切削工具與刀片龍頭製造商 Istar。此公司在波克夏的持有下興旺地發展。

在接下來的幾年，巴菲特的投資活動沉寂了下來，要一直到雷曼兄弟破產引發金融危機，巴菲特才又進入他職業生涯中相當活躍的投資期。這一波的投資活動是波克夏在2010年初，以總價達342億美元買下美國最大鐵路公司「柏靈頓北方聖塔菲鐵路公司」（Burlington Northern Santa Fe）時，達到了最高潮。

現在，我們來看看他亮眼的成績。從1965年6月巴菲特取得波克夏的控制權開始，一直到2011年，波克夏股價的年化報酬率高達20.7%，標普500指數在同一時期則是成長了9.3%，

表現相對遜色（見圖 8-1）。若在巴菲特收購波克夏時，投資 1 美元購買波克夏的股票，四十五年後，這 1 美元已變成了 6,265 美元。（如在巴菲特買進第一張波克夏股票時，投資 1 美元買波克夏的股票，這 1 美元最後的價值則會超過 10,000 美元。）如果把這 1 美元拿去投資標普 500 指數，最後則會變成 62 美元。

在巴菲特長久的任期，波克夏的報酬率高出標普 500 指數

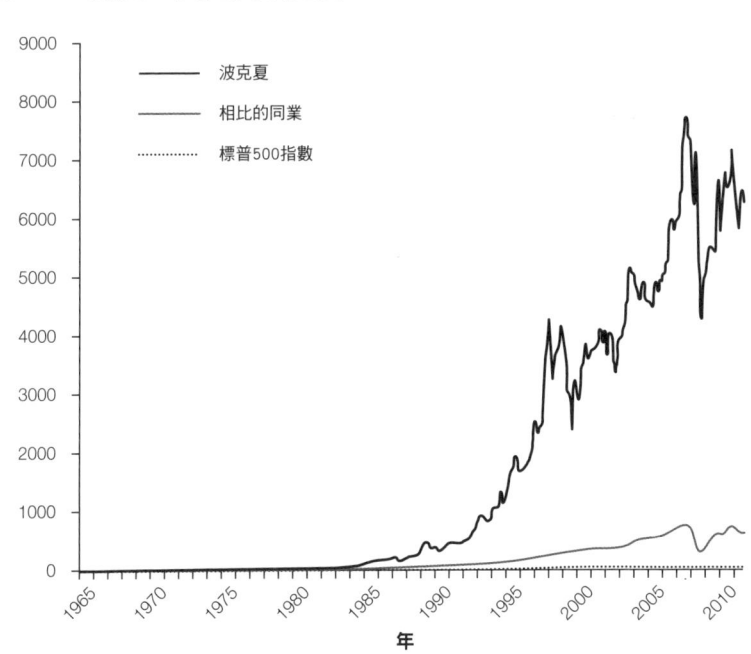

圖 8-1　投資 1 美元買波克夏

資料來源：證券價格研究中心（CRSP）及 Compustat 資料庫。

100倍,也大幅超越同業的任何指數。

打造高績效,非典型執行長做對什麼?

▍3%成本產出資金,投資13%報酬的標的

巴菲特能有如此傑出的成果,是因為他在三個相互關聯的關鍵領域,採用了特別的做法,這三個領域分別是資本產出、資本配置和營運管理。

查理・蒙格曾說,波克夏的長期成功祕訣在於,波克夏能「用3%的成本產出資金,並投資於可產出13%報酬的標的」,而這種持續創造低成本投資資金的能力,是波克夏的財務成就中一直被低估的要素。[1] 值得注意的是,巴菲特總是避免發行債券和股票,波克夏的投資資本幾乎都是內部產出。

波克夏的主要資本來源是保險子公司的可運用資金,除此之外,波克夏也有相當龐大的現金是來自獨資子公司和偶爾出售投資標的的貢獻。實際上,巴菲特已為波克夏創造了一個資本「飛輪」,他用這些來源的資金去收購其他有能力產出現金的事業的全部或部分股權,然後再把這些事業的盈餘拿去投資其他的

事業。

保險是波克夏最重要的事業，不僅能夠創造高利潤，還為波克夏卓越的成長奠定了基礎。巴菲特針對保險事業發展出一套獨特的方法，這套方法與其廣泛應用於管理及資本配置的方法之間，存在著有趣的相似點。

巴菲特在1967年收購國民保險公司時，率先發現保險公司本身具備產出低成本可運用資金的優勢。套用他說過的話，這項收購可說是波克夏的「分水嶺」。他曾經這樣解釋說：「可運用資金是我們持有但非擁有的錢。保險事業之所以會產生可運用資金，是因為保費的收取是在理賠之前，這兩個時間點有時相隔好幾年，而在這段時間，保險公司就把錢拿去投資。」[2] 這是另一個突破傳統的強大指標，也是當時其他同業大多忽略的指標。

隨著時間的推移，巴菲特針對其保險事業發展出一套自己的策略，就是把重心放在承保能夠獲利的保險，並透過增加保費收入來產出可運用資金。這套方法強調，就算可能衝擊短期的獲利能力，也要避免在價格差的時候承保；反之，當價格好的時候，則要積極承保。這個做法與大部分保險公司使用的方法很不一樣。

此方法帶來了起伏不定但高獲利的承保結果。例如，在1984

年,波克夏最大的產物保險公司「國民保險公司」便承保了 6220 萬美元的保險。兩年之後,保費總額成長了 6 倍,達到 3.662 億美元。到了 1989 年,保費又回落 73%,降回 9840 萬美元,且持續十二年沒再回到 1 億美元的水準。三年之後,在 2004 年,公司又承保了逾 6 億美元的保險。在這段期間,國民保險公司的年均承保利潤為保費的 6.5%;反觀典型的產物保險公司,在同一時期則平均虧損了 7%。

產出這種鋸齒型的收益(見圖 8-2),如果換做是其他獨立上市的保險公司,一定會很難向華爾街解釋;不過,由於波克夏的保險子公司只是其多元化公司旗下的一小部分,所以不會被華爾街仔細審視,這為國民保險公司和波克夏的其他保險事業提供了一個重大的競爭優勢,使波克夏的保險事業得以把重心放在獲利能力,而非保費的成長。如同巴菲特曾經說過的:「我和查理向來偏好起伏不定的 15% 報酬,更甚於平穩的 12%。」[3]

在這段期間,波克夏所有保險事業的可運用資金大幅成長,從 1970 年的 2.37 億美元成長至 2011 年的逾 700 億美元,這些極低成本的資金一直是推升波克夏傑出成果的火箭燃料。此外,如同我們即將看到的,這些投資活動沉寂與果斷行動交替的時期,反映了波克夏投資活動的型態。巴菲特認為經營者能長期成功的

圖 8-2　波克夏的保費成長，和產業整體的成長相比，
　　　　一直是相當起伏不定

承保的保險（指數）

[圖表：1986-1999年，波克夏再保險、產物保險產業、波克夏主要保險三條曲線]

資料來源：產物保險產業保費資料是來自貝斯特（Best）的產物保險合計數及平均值——總承保保費。波克夏的資料是來自其年報。

關鍵是「性格」，亦即「在別人貪婪時恐懼，在別人恐懼時貪婪」的意願。[4]

波克夏的另一個重要資本來源是獨資公司的盈餘，這些盈餘在過去二十年，隨著巴菲特積極把獨資公司加入波克夏的事業投資組合，而變得愈來愈重要。1990年，獨資營運公司的稅前盈餘為1.02億美元，2000年則為9.18億美元，相當於24.5％的年化報酬率，到了2011年，這些盈餘已增加至69億美元。

▍資本部署集權，但營運分散

現在，我們要把注意力轉移至巴菲特如何部署波克夏的事業所提供的資本。巴菲特只要買下一家公司，就會立即控制現金流量，要求公司把多餘的現金送交至奧馬哈總部部署。查理・蒙格在訪談時指出：「波克夏的資本部署方式非常集權，與其營運方式（權力很分散）不同。」[5] 這種在授權和階層上寬嚴並濟的做法也可見於其他非典型經營者的公司，不過大體上沒有波克夏這麼極端。

巴菲特在接掌波克夏之前，已是一位極成功的投資人，在資本配置方面已做好萬全的準備。大部分的執行長都被所屬產業先前的投資機會侷限，他們是「刺蝟」；反觀巴菲特，由於他在之前累積了各種證券和產業的投資評估經驗，所以是隻「狐狸」，有能力從更多元的配置選項中做選擇，包括購買私有公司和公開交易的股票。簡言之，執行長擁有的投資選項愈多，愈有可能制定高報酬的決策，而這種廣泛的興趣成了波克夏的顯著競爭優勢。

巴菲特的資本配置方法是這樣的：他從沒支付過股利或買回大量的庫藏股。由於巴菲特的公司大致上沒有太大的資本投資需求，所以他把重心放在投資公開交易的股票和收購私有公司，而

這些對大多數投資領域不像他這麼廣泛的執行長來說，是不可能的選項。不過，在進一步探討這兩個領域之前，我們先來檢視一個具有關鍵的早期決策。

只對紡織事業產生短暫興趣的巴菲特，很早便決定不再對波克夏低報酬的傳統西裝襯裡事業做進一步的投資，而是把所有多餘的資金聚集起來，部署到其他地方。反之，當時與現在最大的紡織公司「柏靈頓實業公司」（Burlington Industries），則選擇了另一條不同的路，在1965年及1985年間，他們把所有可用的資金全都部署至現有的企業。在這二十年期間，柏靈頓的股價每年只微幅成長了0.6％，波克夏的年化報酬率則高達27％。這些不同的結果點出了資本配置的一個重點：投入能夠產出可觀資本報酬的事業有其價值，脫離低報酬的事業也相當重要。

這是波克夏的一個關鍵決策，並且點出了一個重點。資本配置中有一個不像收購那麼備受矚目的關鍵性決策，就是決定哪些事業獲利過低而不值得再投資。這些非典型的執行長大多都會堅決地結束或者出售前景黯淡的事業，並把他們的資本集中在報酬有達到內部目標的事業單位。巴菲特在1985年結束波克夏的紡織事業時就說過：「你若發現自己是置身在長期一直有漏洞的船上，與其耗費精力修補漏洞，還不如直接換艘船來得有成效。」[6]

做投資組合的管理

巴菲特最為人所知的仍然是股市的投資,而股市投資也是波克夏在巴菲特前二十五年的執行長任內,最主要的投資管道。無論以何種標準衡量,巴菲特在公開市場的報酬都是貝比・魯斯等級,而我們可以透過幾種不同的方式檢視這些獲利。就像我們前面已經看到的,巴菲特合資公司在 1957 年至 1969 年的平均報酬是 30.4%,另外根據《理財周刊》(Money Week)的一份研究,波克夏在 1985 年至 2005 年的投資報酬率是高達 25%。[7]

由於公開市場投資對波克夏的整體報酬相當重要,並且為巴菲特的廣泛資本配置理念提供了一扇窗,因此在巴菲特的公開市場投資方法中,有一個特殊的面向值得我們好好仔細檢視,這個面向就是投資組合管理。「投資組合管理」探討的是一位投資人擁有多少股票、持有這些股票的時間多長,對報酬率有極大的影響。投資理念相同但投資組合管理方法不同的兩位投資人,會產生完全不同的結果。在巴菲特管理波克夏的股票投資所採用的方法,有兩項主要的特點,這兩項特點分別是高度集中,以及持有時間極長,而他在這兩個領域的思維都和別人很不一樣。

巴菲特認為卓越的報酬是來自集中化的投資,而出色的投資

想法相當罕見，他曾一再告訴學生，如果有人在他們展開投資生涯時，遞給他們一張二十孔的打孔卡片，這二十個孔代表他們這輩子只能夠做二十次的投資，那麼他們的投資結果一定會進步。如同他在 1993 年的年報中作出的總結：「我們相信集中化的投資政策應可達到降低風險的效果，前提是它能夠促使投資人先徹底思考過一家企業，並對其獲利特點產生信心，再買進這家企業。」[8]

巴菲特在波克夏的投資型態與其保險子公司的承保型態很相似，都是在沉寂好一段時間之後進行偶一為之的大規模投資。波克夏投資組合的前五大部位占總投資價值的比例通常高達 60％至 80％，至於典型的共同基金投資組合，前五大部位的比例通常只有 10％至 20％。巴菲特至少四度把波克夏賬面價值逾 15％的資本投資於單支股票，還曾一度把波克夏合資公司 40％的資本投資於美國運通公司。

持有時間極長是巴菲特投資組合管理方法的另一項顯著特點。他目前的前五大股票部位（2011 年買進的 IBM 除外）平均持有的時間超過了二十年，至於典型的共同基金，平均持有時間則不到一年。此項特點造成了活躍度極低的投資活動，如同巴菲特形容的：「近乎怠惰的不活躍。」

這兩種投資組合管理的信念相互結合，形成了挑選條件極其

嚴苛的強大篩選器，很少有公司能夠通過篩選。

有趣的是，巴菲特雖極力提倡買回庫藏股，他自己卻是本書探討的執行長中，唯一沒有大量買回公司庫藏股的一位，他只在早期進行過幾次小規模的庫藏股買回（注：巴菲特在 2020 年到 2021 年之間，因為新冠疫情和低利率、量化寬鬆要素帶動科技股狂飆時，因波克夏股價低迷，趁低檔實施庫藏股）。儘管他肯定且鼓勵其他執行長買回庫藏股，但卻始終覺得買回庫藏股與波克夏夥伴關係般的獨特文化相互抵觸，可能會破壞透過多年的誠信、坦率溝通和出色報酬建立起來的信任感。

話雖然是這麼說，但巴菲特終究還是個徹底的機會主義者。波克夏的股價曾有過少數幾次（事實上是兩次）跌落至低於內含價值一段時間，巴菲特便在此時展開買回庫藏股計畫——一次是在 2001 年早期，股價因網路泡沫化而急劇下跌；一次是在較近期的 2011 年 9 月，他當時宣布，他將在股價跌落至低於賬面價值 1.1 倍時大量買回庫藏股。只不過在這兩次，股價很快就上漲了，巴菲特根本來不及執行大規模的庫藏股買回。

收購私有公司

波克夏另一個重要的資金出口是收購私有公司。此途徑已悄然成為巴菲特過去二十年間的主要資本配置方式，並在 2010 年早期，大規模購入柏靈頓北方聖塔菲鐵路公司時達到了高潮。他是以自創的獨特方法執行這些收購，而表 8-2 比較了他的方法與傳統私募股權公司使用的方法。

> **延伸閱讀**
> ### 兩種有趣的型態
>
> 如果想要更深入了解巴菲特的股市投資方法，還有兩種型態值得注意。
>
> 第一種是根深蒂固的反向操作主義。巴菲特經常引用班傑明・葛拉罕的「市場先生」比喻，這個比喻是說，有一個失心瘋的傢伙，名叫「市場先生」，他每天都會跑來找你，若不是想要買進你手上的股票，就是想要把他手上的股票賣給你……這個傢伙愈躁鬱，投資人就愈有機可乘。* 巴菲特有系統地在市場先生最憂鬱的時候買進股票，而波克夏主要的公開市場投資，大部分都是在產業或公司陷入危機而導致強大

事業的價值被蒙蔽時執行的。此模式可由下表獲得印證。

公司	首次投資的日期	反向操作的時空背景
美國運通	1964 年	沙拉油醜聞案
華盛頓郵報	1973 年	政府威脅撤銷執照
GEICO	1976 年	可能破產
富國銀行	1989 年	南加州經濟衰退與房地產危機
房地美（Freddie Mac）	1989 年	經濟衰退、存貸危機
通用動力	1992 年	冷戰後國防產業低迷
GEICO	1976 年	把重心放在核心保險事業、新執行長、之前的持股
通用食品	1979 年	把重心放在核心品牌、新執行長、股票買回
可口可樂	1988 年	撤出非核心事業的資金、庫藏股買回、執行長剛上任不久
通用動力	1992 年	撤資、庫藏股買回、新執行長
美國運通	1994 年	撤離雷曼的資金、新執行長、之前的持股

第二種型態是在管理或策略發生重大轉變時進行投資。巴菲特把這些投資機會比喻為「職業業餘高爾夫球配對賽」，這些投資機會是出現在一家擁有傑出「特許經營權」事業的公司投資於其他較低收益事業之時：「就算所有業餘選手都是無可救藥的冒牌貨，靠著專業選手的精湛球技，仍然可以讓該隊的最佳球分數顯得體面。」** 然而，當巴菲特發現新管理團隊把業餘選手從四人賽剔除，再次把重心放回公司的核心事業

時，他就會仔細關注這家公司，此情形可由上表獲得印證。

* 波克夏 1977 年至 2011 年的年報
** 波克夏 1989 年的年報

巴菲特為大型私有企業的賣家創造了一個具有吸引力且高度差異化的選項，此選項是介於首次公開發行與私募股權出售之間。把企業賣給波克夏的特點在於，企業主／經營者既可實現流通性，又可在不受干擾、不受華爾街監督的情況下繼續經營這家公司。巴菲特提供一個完全沒有企業官僚的環境，並為值得投資的專案提供源源不絕的資金；此方案與私募股權的選項截然不同。私募股權的選項涉及高度的投資人參與，一般持有五年便獲利出場。

巴菲特從來不參與競標。就如同中美能源（MidAmerican Energy）暨 NetJets 私人航空公司前任執行長大衛・索科爾（David Sokol）跟我說的：「不論競標再怎麼令人興奮，我們就是不為所動。」[9] 巴菲特不僅沒被打動，還創造出一套方式，促使龍頭私有企業的老闆主動打電話給他。他避免和對方談價格，總會要求有興趣的賣家主動跟他聯絡並報上價格，接獲對方的報價

後，他一定會回覆，而且「通常五分鐘之內就會回覆」。[10] 這項要求不僅可迫使潛在賣家迅速報上他們願意接受的最低價格，還可確保他的時間有效地運用。

巴菲特不會在傳統的盡職調查上花費太多時間，而且往往在首次與賣方洽談的幾天之內，就會與賣方達成協議。在決定收購之前，他從不視察營運廠房，也很少與管理階層見面。湯姆．墨菲曾跟我說：「首都城市傳播公司是波克夏曾進行過的大規模投資之一⋯⋯我們只花十五分鐘討論交易，便達成了協議。」[11]

巴菲特雖然主張權力下放，但他從沒把資本配置的決策權下放給其他人。波克夏沒有事業發展團隊，也沒有投資委員會，而且巴菲特從不仰賴投資銀行家、會計或律師（墨菲除外）的建議。他都自己做分析，並親自處理所有的談判事宜。他從不看中間人提供的預測，寧願把重心放在歷史財報，並自己做預測。他能夠速戰速決，因為他只買進他熟悉的產業的公司，所以能夠快速聚焦於關鍵性的營運指標。查理．蒙格在提及波克夏的收購方法時曾說過：「我們不會嘗試執行收購，而是會等待絕佳的標的出現。」[12]

表 8-2　巴菲特收購私有公司的方法與私募股權公司使用方法之比較

	巴菲特	私募股權公司
持有期間	「永久」	最多五年
管理階層	現有的執行長	新執行長（往往如此）
槓桿	無	很多
交易途徑	直接聯絡	競標
收購後與管理階層的互動	不頻繁	頻繁
削減成本	從不	通常
盡職調查	概略	詳盡
聘請外部顧問	從不	總是
薪資制度	簡單	複雜

自由放任的管理風格

巴菲特除了是他那個世代最偉大的投資人之外，也是一位成效十分卓著的經理人，能夠管理好波克夏旗下各種日益成長的營運事業。在過去十年間，波克夏的每股盈餘大幅成長，此外，儘管規模龐大，事業多元，波克夏的營運仍然極有效率，在《財星》五百大企業有形資產收益率的排行榜上，始終維持在前四分之一的名次。

巴菲特是怎麼獲得這些營運成果的呢？外表和藹的巴菲特，骨子裡其實是個非常不傳統的執行長，而比較他與傑克・威爾許

的作風,或許最能看出此點(見表 8-3)。傑克‧威爾許在奇異公司成功推行的制度,強調集權中央的策略計畫(六標準差等計畫)、輪調執行長、頻繁的出差和開會。兩人在管理作風上的對比再強烈不過了(雖然巴菲特對威爾許的能力讚譽不絕)。

巴菲特在當上執行長之前,並沒有任何相關的營運經驗,他用心規劃波克夏的運作,以便把他的時間集中在資本配置,盡量減少管理事業的時間——他認為自己在管理事業方面沒有太大的加分效果,因此,極度分權成為波克夏系統的試金石。如果說分權管理是泰勒達因、首都城市廣播和本書探討的其他家公司的作

表 8-3　威爾許和巴菲特管理方法之比較

	威爾許	巴菲特
盈餘型態	平穩	起伏不定
員工人數	四十萬人	二十七萬人
總部員工人數	數千人	二十三人
出差	很常	很少
主要活動	開會	閱讀
花在經營投資人關係的時間	很多	無
變更經理人	經常	幾乎不曾
場外會議	經常	不曾
策略規劃	定期	不曾
分割股票	有	無

風與理念，那麼波克夏的作風與理念就是自由放任了。

波克夏擁有逾二十七萬名員工，卻只在奧馬哈總部配置了二十三人。波克夏的各家公司都沒有定期召開預算會議的慣例。執掌波克夏子公司的執行長只有在打電話請教巴菲特，或為其事業爭取資金時，才會接獲巴菲特的關切。他以「用心選才，放任管理」這句話來概括說明這套管理方法，且認為這種極端分權的形式能夠降低經常性費用、釋放企業活力，進而提升組織整體的效率。[13]

巴菲特曾經在 1986 年的波克夏年報中提到，他發現「同業性的強制力」這股驚人的力量（如同我們在前面導論中看到的），會促使經理人不假思索地模仿同業的行動。他對於本章開頭引述自邱吉爾的那段話體悟十分深刻（他經常引述這段話），所以有計畫地建構自己的公司與人生，避免遭受這股強制力的影響。巴菲特把自己的時間花在不同於其他《財星》五百大執行長的地方，透過管理他的行程，盡量避免不必要的分心，並且把不會被打擾的時間挪來閱讀（他每天要讀五份報紙及無數篇年報）與思考。他盡量保持行程的空白，不召開定期的會議，而且對此相當的自豪。他辦公室裡面沒有電腦，他也從來沒擁有過行情報價機。

在處理投資人關係方面,巴菲特也是具有他自己的方式。巴菲特估計,一般執行長會花20%的時間與華爾街溝通,巴菲特則不會花時間跟分析師見面,從不參加投資會議,也從不提供季度盈餘指示。他寧願透過詳細的年報和年會與他的投資人溝通,而且他的年報和會議都是獨樹一格。

波克夏的年報是印在未塗佈的一般紙張上,搭配簡單的單色封面,看起來與其他年報很不一樣。報告的核心是一篇巴菲特撰寫(並由卡洛・陸米思〔Carol Loomis〕編輯)的長論文,文中仔細回顧公司各個事業在過去一年的表現,文風直截了當且輕鬆,內容極為簡潔清晰,不僅提供各個營運部門的詳細資訊,還以一份「股東手冊」清楚扼要地說明,巴菲特和蒙格獨特的經營理念。

波克夏的年會也很特殊,行政性質的報告通常不到十五分鐘便結束了,接著,巴菲特和蒙格則會以長達五小時的時間回答股東的問題。每次舉辦年會都會吸引許多人士參加(2011年的年會便吸引了逾三萬五千人參與),巴菲特稱這些年會是「資本主義的胡士托音樂節」(the Woodstock of capitalism)。波克夏的年報與年會強化了重視儉樸、獨立思考與長期管理的強大文化。(以及古怪與幽默——當巴菲特一反常態,在1990年早期購置一台

企業專機時,他打趣地將其命名為「站不住腳號」,並在年報中以令人莞爾的縮小字體揭露這件事。)

另一項與傳統不同的作法是關於股票的分割。眾所周知,巴菲特避免分割波克夏的A股。他認為分割股票只是表面好看,就好比是把披薩等分成八片和四片,提供的卡路里(資產價值)不會因此改變。避免分割股票是波克夏的另一個篩選器,幫助其自行挑選長期股東。1996年,他百般不願意地同意發行價格較低的B股。B股的價格只有A股的三分之一。(在2010年早期洽談柏靈頓北方聖塔菲鐵路公司的交易時,巴菲特同意以五十比一的比例,把B股進一步分割,以滿足鐵路公司小額投資人的需求。)

長期關係的強大力量

這一切加起來,形成了比事業或投資策略更為強大的東西:巴菲特發展出自己的一個世界觀,這個世界觀的核心在於,強調與傑出人士和企業發展長期的關係,並且避免不必要的人事異動——不必要的人事異動可能會切斷創造長期價值所需要的強大複利鏈。

事實上,我們對巴菲特的最佳理解方式,或許是把他視為一

位致力於降低人事異動的經理人╱投資人╱思想家。波克夏許多不同於一般的策略中都有一個共同的目標：就是挑選最優秀的人才與企業，並降低因異動而產生的重大財務與人力費用，無論是經理人、投資人或股東的異動皆然。對於巴菲特和蒙格來說，選擇與最優秀的夥伴共事，並且避免不必要的異動，背後存在著一個具有說服力且猶如禪一般的邏輯，這不僅是獲得卓越獲利收益的途徑，也是一種提升生活平衡的方式；而在他們帶給我們的諸多啟示中，這些長期關係的強大力量或許是最重要的。

第 9 章

極度的理性

> 你之所以是對的，不是因為別人同意你的看法，而是因為你掌握的事實及提出的論點合理可靠。——班傑明・葛拉罕
>
> 他能夠成為領導者，是因為他擁有思辨的能力。——威廉・德雷西維茲（William Deresiewicz），2009 年 10 月對西點軍校一年級生的演講

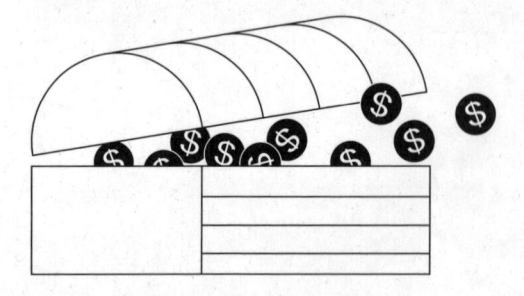

把時間往前推移,我們可以從圖9-1看出,把1美元投資於這些非典型執行長的公司,相較於投資於同業公司、大盤和傑克‧威爾許的公司,最後的價值有何不同。

結果令人印象深刻——數字說明了一切,並為這些傑出領導者的成就作了很好的總結;不過,這些出色的紀錄大多是上個世紀締造的,於是我們不禁要問,在當代快速變遷的競爭環境下,這些執行長的經驗與啟示還適用於今天的經理人和投資人嗎?我們可以從兩家較近期公司的例子找出答案:一家是規模較小的預付費法律服務公司(Pre-Paid Legal),一家是規模較大的艾克森美孚公司(ExxonMobil)。

預付費法律服務公司是一家把法律方案賣給個人及企業的上市公司,這些方案實際上是保險產品,客戶每年支付保費,保險的涵蓋範圍包括訴訟、不動產、信託、遺囑等各種潛在法律活動所產生的費用。這些方案是1970年代開發出來的產品,而預付費法律服務公司在1980及1990年代全期快速成長。有趣的是,在最初這波強勁的成長之後,公司的收入在過去十年間幾乎呈現持平的狀態。

這種快速成長後業績突然、且接下來一直持平的型態,通常會導致極差的股市報酬;然而,在同一期間,預付費法律服務公

司的股價反倒上漲了 4 倍,大幅超越市場與同業。這家公司是怎麼達成這些成果的呢?自 1999 年底開始,其執行長哈蘭德・史東塞弗(Harland Stonecipher)便體認到市場漸趨成熟,做更多促進成長的投資不太可能產出可觀的收益。在董事會(其中包含幾位大股東,這對上市公司來說相當不尋常)的要求下,他展開了一項有系統且積極的最佳化自由現金流量計畫,並透過一項積極的庫藏股買回計畫,有系統地把資金退還給股東。在接下來的十二年,史東塞弗在股東和股市持續的嘉許下,買進了逾 50%的流通在外股數,並在 2011 年 6 月,與一家私募股權公司達成協議,以大幅的溢價把他的公司賣給了這家私募股權公司。

由於預付費法律服務公司是一家較小規模的私有公司,所以我們有必要在大公司中找尋另一個例子,而全球市值最大的公司「艾克森美孚」便是其中一例。自 1977 年以來,艾克森(以及之後的艾克森美孚)已為其投資人創造高達 15%的年化報酬率,使市場和同業相形失色,以這麼大規模的企業來說,這真的是一項很了不起的紀錄。在檢視這家公司的經理人如何達成這些成果時,我們發現,他們與本書這些非典型的執行長之間存在明顯的相似之處,而其中有一些課題特別值得學習。

圖 9-1　投資 1 美元

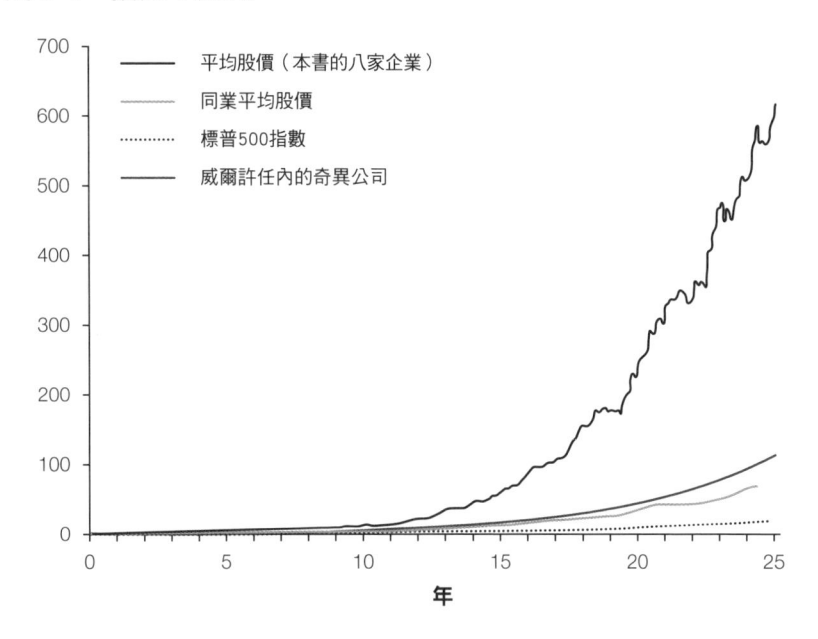

- 平均股價（本書的八家企業）
- 同業平均股價
- 標普500指數
- 威爾許任內的奇異公司

一定要算清楚

「獲利有多少」是非典型經營者一開始就會問的問題。每個投資專案都會產出報酬，而計算報酬用小學五年級的算數即可搞定，不過這些經營者卻一直在做這件事，他們會提出保守的假設，而且只去執行利潤具有吸引力的專案。他們把重心放在關鍵性的假設，不相信過於詳細的試算表。他們自己做分析，不仰賴

部屬或顧問。非典型的執行長認為財務預測的價值取決於假設的品質,而非簡報的頁數,他們當中有許多都設計了單頁、簡潔的分析範本,以促使員工聚焦於關鍵的變數。

丹尼爾・康納曼(Daniel Kahneman)在他的傑出著作《快思慢想》中,提出了一個人類制定決策的模型,此模型是從他那贏得諾貝爾獎的三十年研究中推斷而出。第一套系統是純粹出自於本能的型態識別模式,可立即融入各種情境,並運用經驗法則非常快速地制定決策。第二套系統是速度較慢、涉及更多思考且運用更複雜分析的模式。第二套系統可以推翻第一套系統的決策,但問題是我們需要花更多的時間和精神,才能讓第二套系統融入情境,因此許多人都沒有充分利用第二套系統。

根據康納曼的見解,使用第二套系統的關鍵往往是催化劑或觸發器,而對非典型的執行長來說,這些看似簡單的「單頁」分析往往提供了此項功能。這些分析能夠確保其員工把焦點放在實證資料上,避免盲從。確切而言,這些分析是在替他們的員工打預防針,避免其盲目相信傳統的做法,這些分析在這些非典型經營者的公司廣泛被運用。亨利・辛格頓的泰勒達因營運長喬治・羅勃茨在接受《富比士》雜誌訪問時就說道:「運用資本的原則深植於我們經理人的腦中,所以他們幾乎不曾提交低報酬率的提

案給我們。」[1]

在執行長雷克斯‧狄勒森（Rex Tillerson）和其前任執行長李　雷蒙（Lee Raymond）的帶領下，艾克森美孚發展出類似的準則，要求所有資本提案均需產出至少 20%的報酬。在最近的金融危機中，狄勒森與其團隊因能源價格下跌而減產的做法，遭到華爾街分析師批評；不過，即便會導致近期獲利降低，他們還是拒絕從無法產出足夠收益的專案中泵出更多的石油。

分母很重要

這些執行長都把焦點集中在最大化每股價值，為了做到這一點，他們不只關注分子（亦即可以透過不同方式增加的公司總價值，包括支付過高的收購金，或是把資金投入不具獲利效益的內部資本專案），也專注於透過慎選投資專案與擇機買回庫藏股管理分母。買回庫藏股不是為了推升股價或抵消行使選擇權的影響（現今買回庫藏股最常見的兩個原因），而是因為這麼做能夠帶來可觀的利潤。

艾克森美孚一直是大型能源公司中，唯一一家積極買回庫藏股的公司，在過去五年間總共買回了逾 25%流通在外的股數。此

外，在雷曼兄弟事件後的崩盤期間，艾克森美孚非但沒有卻步，反而更積極買回庫藏股。

勇猛果敢且獨立自主

非典型的執行長是授權高手，他們以高度分權的方式管理組織，並將營運決策權下放給組織內最低、最當地的層級；不過，他們不會把資本配置的決策權下放給其他人。如同查理·蒙格所描述的，他們的公司是「營運權分散與資本配置權高度集中的奇特混合體」，而事實證明，這種在授權和階層上寬嚴並濟的做法，能夠有效抵抗同業性的強制力。[2]

此外，他們具備獨立思考的能力，不倚賴外部顧問的建議，頗有電影《日正當中》（High Noon）警長單刀赴會的智略與膽識：例如，約翰·馬龍獨自出席 AT&T 會議，面對一群開發人員、律師和會計；比爾·史帝萊茲拿著黃色拍紙簿，獨自出席數 10 億美元交易案的盡職調查會議；巴菲特在從未參訪標的公司的情況下，只花一天就制定好波克夏的收購決策。

魅力被過度高估

這些非典型的執行長並不會把心思放在宣傳自己身上,花在經營投資人關係的時間比同業少很多。他們不提供盈餘指示,也不參加華爾街的會議。他們不外向,也沒有過度的個人魅力,就這一點來說,他們具備了吉姆‧柯林斯在其傑出著作《從A到A+》強調的謙遜特質。他們不追逐(而且通常也不吸引)鎂光燈,而是以優異的報酬向市場證明自己的實力。

對於艾克森美孚的所有主要資本配置決策,狄勒森都會參與,至於財報說明會和其他會議,他則很少參加。他簡潔的溝通方式在華爾街分析師的圈子相當出名。

鱷魚般的性格,願意耐心等待……

估算好報酬率之後,所有的非典型執行長(為了擴大規模而持續收購有線電視公司的約翰‧馬龍除外)都願意耐心等待合適的機會出現(例如大眾戲院的迪克‧史密斯,他一等就是整整十年)。他們當中有許多人和凱薩琳‧葛蘭姆一樣,光是靠著避開價格過高的「策略性」收購,在收購熱潮期間選擇退到場外,就

創造出龐大的價值。

直到最近,艾克森美孚已經十多年沒有執行大規模收購。

並在機會出現時,展開果敢的行動

有趣的是,如同我們已看到的,在難得發現獲利極具吸引力的專案時,這種對經驗主義與分析的喜好非但沒令他們卻步,還促使他們以驚人的速度,果敢地採取行動。他們至少都執行過一次相當於或高於其公司企業價值25%的收購或投資,湯姆·墨菲甚至執行過一次金額超過其整體企業價值的收購(ABC)。1999年,也就是油價跌破歷史低點之時,艾克森在一次轟動當時的交易中,以超過其企業價值50%的總價,買下了美孚公司。

持續運用合理的分析方法制定大小決策

這些執行長是精準的資本配置高手,持續把可用的資金導向最有效率、報酬最高的專案。長期下來,此準則促使他們制定提升價值的決策,並(同樣重要地)避免制定破壞價值的決策,對於公司價值造成了極大的影響。事實證明,對他們的公司來說,

這種思維，已證明了其本身就是一種重要且能維持的競爭優勢。突破傳統的思維提供了偏光鏡的功能，幫助這些非典型的執行長濾除同業活動及傳統智慧的眩光，看見核心的利益現實，並依此制定決策。

本書以許多例子說明這種講求實效的分析方法如何塑造出乾脆、有效率的作風。這些執行長十分了解他們想要尋找什麼，而他們的員工也是。當標的出現時，他們不會過度分析或建構過多的模型，也不會仰賴外部的顧問或銀行家來證實他們的想法，而是會直接撲過去。在普瑞納長期擔任比爾‧史帝萊茲副手的帕特‧穆卡伊在訪談時就說：「我們知道該把重心放在哪裡，就這麼簡單。」[3]

在一篇 2009 年的文章中，《巴倫周刊》（*Barron's*）以「堅決地把注意力集中在報酬，而非放在自我的表現上」來形容艾克森美孚「特殊」的公司文化。[4] 並非巧合的是，這種克勤克儉的文化產出了優異的成果，艾克森美孚過去二十五年的收益，一直在石油與天然氣產業裡保持領先。

一個預測

在現階段,企業現金水位創新高,利率和本益比普遍偏低,是個千載難逢、積極進行資本配置的好機會。此情況在思科、微軟、戴爾等大型績優科技企業尤其明顯。這些企業中,有許多目前仍由其創辦管理團隊經營,擁有龐大的現金餘額,而其股價也跌落至前所未有的個位數本益比。我認為這些公司之中的其中一家,有可能會改變歷來強調研發投資的政策,透過大幅擴大買回庫藏股的規模,或大幅增加股利,把重心轉向最佳化報酬。而如果這件事真的發生,市場的反應可能會相當熱烈,到時候,我們應該不難想見身為這些非典型公司執行長之一的亨利・辛格頓,搓手盤算的開心模樣。

遠見卓識

這些非典型的執行長雖然生性儉樸,不過也很願意透過投資他們的事業來創造長期價值,為了做到這一點,他們必須忽視單調枯燥的季盈餘,不去理會來自華爾街分析師、以及 Squawk Box、Mad Money 等有線電視節目的短視思維。當湯姆・墨菲堅

持大幅增加資本支出以建造新的印刷廠時，或者當約翰‧馬龍在1990年代晚期購置昂貴頂尖的機上盒時，他們都是有計畫地透過犧牲短期盈餘，來改善客戶的使用經驗，捍衛長遠的競爭地位。

這種遠見卓識往往會導致反向操作的行為。在金融危機期間，艾克森美孚是大型能源公司中，唯一基於最佳化長期價值的考量，而堅持維持探勘支出的公司，此決策與其備受爭議的減產決策形成了對比。在2009年早期能源價格暴跌之後，其他大公司都縮減了加拿大油砂的探勘支出，只有艾克森美孚持續進行其在亞伯達省的大型探勘專案，就算損及短期盈餘也在所不惜。

史東塞弗與狄勒森的成就，與美國最大金融機構花旗集團執行長查克‧普林斯（Chuck Prince）形成了強烈的對比。在2000年代中期，也就是抵押貸款與槓桿操作最盛行的時期，普林斯曾說過這句話：「只要音樂還在播放，你就必須起身跳舞。」[5] 普林斯被傳統智慧的誘餌及同業性的強制力牽制住了，不久之後，他和他公司的績效就隨著公司股價的暴跌（從2007年高點的40美元，暴跌至2009年早期的不到3美元）而一落千丈。在市場和產業陷入低迷之際，普林斯的表現不如標普500指數以及同業。

這些執行長（及其公司績效）表現的差異，是源自於兩種不同的思維模式。非典型的執行長（例如史東塞弗與狄勒森）傾向

在別人退到場邊時起身跳舞,並在音樂播放得最大聲時,羞澀且動也不動地站在場邊。他們是聰明的反向操作者,願意在利潤不具吸引力時靠到牆邊。

在各不相同的產業與市況中,這群執行長都獨立秉持一套極度相似的核心原則。基本上,史東塞弗、狄勒森與本書其他非典型的執行長是靠著持續的反向操作,產出優異的成果,同業往東時,他們就往西。由圖 9-1 可看出,他們在反向操作時,遵循了一份幾乎完全相同的藍圖:他們不屑於發放股利、執行嚴守紀律的(以及偶爾的大規模)收購、選擇性地使用槓桿、買回大量的庫藏股、盡量降低稅額、落實分權管理、重視現金流量更甚於淨收入。

在既定的環境下,繳出最好成績

再強調一次,重點在於你怎麼打好自己拿到的牌。這些執行長拿到的牌差別很大,他們所處的情況都不一樣——比爾·安德斯在柏林圍牆倒塌後面臨的情況,與約翰·馬龍在 1970 年代早期有線電視蓬勃發展之際接掌 TCI 時面臨的情況,差異再大不過了。不過,無論如何,關鍵都是在既定的環境下,繳出最漂亮的

表 9-1　共通的行動藍圖

	首次擔任執行長	股利	買回30%以上的庫藏股	收購適市值25%的標的	分權的組織結構	為華爾街提供指引	特殊指標	對稅金的重視程度
亨利·辛格頓	是	無	是	是	是	無	泰勒達因的報酬	高
華倫·巴菲特	是	無	否	是	是	無	可運用資金	中／高
湯姆·墨菲	是	低	是	是	是	無	邊際現金流量	中／高
約翰·馬龍	是	無	是	是	是	無	EBITDA	高
迪克·史密斯	是	低	是	是	是	無	現金盈餘	高
比爾·安德斯	是	低／特別	是	是	是	無	現金投資報酬率	高
比爾·史帝萊茲	是	低	是	是	是	無	年化報酬率	高
凱薩琳·葛蘭姆	是	低	是	是	是	無	現金年化報酬率	中／高

第 9 章　極度的理性　　273

成績單。這就好比高中的美式足球教練，每年都必須根據隊上的球員調整他的策略（也就是說，如果四分衛很弱，他就得實施跑陣戰術），也好比話劇團的團長，必須根據演員的才華，選擇適合他們演出的話劇。

在經營管理上，沒有嚴格的公式，也沒有不容變更的規則——無論是買回庫藏股、收購，或是退到場邊，沒有什麼是永遠合理的做法。合適的資本配置決策因時空背景而異，因此，亨利‧辛格頓認為保持彈性是相當必要。面對企業環境固有的不確定性，這群執行長以耐心、理性、務實的機會主義，而非一套詳盡的策略計畫來因應。

公司資源的最佳化管理

他們的明確行動源自於一個範圍更廣的共通思考模式，並構成了一個可幫助執行長成功管理的新模式，此模式是聚焦於公司資源的最佳管理。雖說這些非典型的執行長極有才幹，不過他們相較於同業的優勢其實是他們的性情，而非才智。基本上他們相信，制定有洞察力的決策才是真正重要的事，而他們在其文化中強調的是看似過時的儉樸與耐心、獨立與（偶爾的）膽識、理性

與邏輯。

　　事實證明,他們的非正統方法在各種產業與市況中,都為其提供了紮實的競爭優勢。基本上,這些執行長展現了一種徹底的理性,這一點可由表 9-2 獲得印證。他們擁有長期投資人或企業主的觀點,而非高薪員工的觀點,他們扮演的角色與大部分執行長所扮演的大不相同。

　　我們再回到剛剛的問題:這些執行長的經驗與啟示適用於誰呢?答案是:幾乎任何經理人或企業主都適用。而且可喜的是,不一定非得是行銷或技術天才,或者是有魅力、有遠見的人,才能成為成效卓著的執行長;不過,了解如何配置資本、審慎思考部署公司資源的最佳方式,來為公司創造價值,則是成為高成效

表 9-2　非典型的執行長與同業的概略比較

	非典型的執行長	同業的執行長
經驗	首次擔任執行長,之前幾無管理經驗	經驗豐富的經理人,經歷過葛拉威爾所謂的「一萬小時的練習」
主要活動	資本配置	營運管理及外部溝通
目標	最佳化長期每股價值	擴大規模
主要指標	利潤率、報酬率、自由現金流量	營收、淨收入
個人特質	分析、儉樸、獨立	有魅力、外向
傾向	長期	短期
代表動物	狐狸	刺蝟

執行長不可或缺的要素。你一定要隨時問自己獲利會有多少,而且只去執行基於保守假設下,能夠提供有吸引力報酬的專案。此外,你也必須擁有足夠的自信,偶爾採用不同於同業的做法。遵循這些原則、以理性為依歸、且懂得獨立思考的經理人和創業家,必能妥善運用他們手中的牌,達到最高的績效表現。

結語
老狗的老把戲

> 如果在周遭的人都六神無主時，你仍然鎮定自若⋯⋯──〈如果〉（If），魯德亞德・吉卜林（Rudyard Kipling）

榮獲諾貝爾獎的化學家路易・巴斯德（Louis Pasteur）曾經說過：「機會眷顧準備好的人，」而說到準備好的人，我們就來檢視這兩位目前仍活躍於業界的非典型執行長──華倫・巴菲特和約翰・馬龍，看看他們如何因應2008年9月雷曼兄弟倒閉引發的金融風暴。

如同各位預期的，他們兩個都採用了與其同業不同的做法。在幾乎所有美國公司都退到場邊看管現金及處理資產負債的問題時，這兩隻冬天出沒的獅子正在積極覓食。

沉寂許久的巴菲特（他上一波的投資活動是集中在九一一事

件之後）再次展開行動，這段期間是他職業生涯中相當活躍的時期。自 2008 年第四季起，他已將逾 800 億美元的資金部署至各種投資活動（其中有 150 億美元是在雷曼兄弟倒閉後的前二十五天部署），包括：

- 向高盛和奇異公司購買 80 億美元的可轉換特別股
- 買過好幾次普通股，其中包括聯合能源公司（Constellation Energy），金額達 90 億美元
- 提供「夾層融資」（mezzanine financing）給瑪氏／箭牌公司（Mars/Wrigley，65 億美元）以及陶氏化學公司（Dow Chemical，30 億美元）
- 從公開市場購入各種賤售債權證券，金額達 89 億美元
- 斥資 265 億美元，購入之前未持有的柏靈頓北方聖塔菲鐵路公司 77.5％的股權，這是波克夏有史以來最大一筆收購金額的交易
- 以 87 美元收購潤滑油上市龍頭「路博潤公司」（Lubrizol）
- 宣布斥資 109 億美元購買 IBM 股票

在同一期間，約翰・馬龍則在靜悄悄地執行一項大規模實驗，在 TCI 節目事業「自由媒體公司」分拆出來的各個事業之

間,積極執行資本配置。在金融危機最嚴重的時期,馬龍採取以下策略:

- 對衛星節目編製巨擘 DIRECTV 實施了「槓桿式股權增長」策略,增加借貸並積極買回庫藏股(在過去二十四個月買回了逾 40％的流通在外股數)

- 在前自由媒體公司旗下的各個事業間實施一連串的措施,包括有:將有線電視節目公司史塔茲安可分拆出來,以及進行自由資本公司(Liberty Capital,馬龍執掌之各個事業的上市與私有資產之所有權公司)與自由互動公司(Liberty Interactive,QVC 購物網與其他線上事業之所屬公司)之間的債權轉股權。

- 在 2009 年初期市場狀況最為低迷之際,馬龍即透過自由資本公司,以非常低(並且具吸引力)的價格,買下了衛星廣播服務公司天狼星廣播(Sirius Broadcasting)的控制權。他還在 2010 年第二季的時候,買回了自由資本公司 11％的股份。

- 透過他的國際有線電視公司自由全球(Liberty Global)宣布,公司要進行有史以來最大一筆的收購案,以逾 50 億歐元(不到現金流量的 7 倍)買下德國的有線電視公司

「統一傳媒」（Unitymedia），並以逾 9 倍的現金流量出售其對日本最大有線電視事業的龐大持股（由於公司有巨額的淨營運虧損，因此所有的收益都不需繳稅）。此外，他還持續執行自由全球的積極庫藏股買回計畫（自由全球在過去五年已買回逾半數的庫藏股）。

好了，總之就是，當美國公司大都退到場邊嚇得無法動彈時，這兩位老謀深算的執行長陷入了凱因斯所謂「動物本能」的狂熱。套用巴菲特的名言，他們在同業因經歷前所未有的恐懼而顫抖時，變得非常貪婪。

後記
經營的範例與檢查表

我們用一個假設的範例來作總結，說明這種非典型經營者的方法在不同情境下的運作情形。

假設你擁有一家經營得很成功的高級麵包店，最出名的是長棍麵包和酥皮點心。你成功的關鍵是使用了一個義大利製的專用烤箱，而你現在面臨了供不應求的問題。

你有兩種拓展生意的選擇：一種是把店面拓展到隔壁，並添購一個烤箱；另一種是在市區的其他區域開設新店面，而開設新店面也需要添購一個烤箱。有一家開在市區其他區域的麵包店最近成功拓展了店面空間，而你最近也讀到一家上市的麵包公司藉由審慎擴大現有店面空間來拓展生意的報導。根據傳統智慧，拓

展店面空間是你正確的選擇，不過你還是坐下來算了一下。

你先以你認為的保守假設計算前期成本，以及每種情況可能產出的營收與獲利，接著再計算每種情況的報酬。你先從拓展店面空間的選項算起。

你已決定好最低的報酬門檻是20%，也就是說，你只會執行至少能產出20%報酬的方案。你做了以下的計算：一個烤箱得花5萬美元；擴大店面空間得花5萬美元，且可能產出2萬美元的獲利（扣除人力、原料及其他經營成本之後）。也就是說，你得支付10萬美元的前期成本（烤箱的費用加上擴大店面空間的費用），預期的年獲利為2萬美元，預期的報酬率是20%，剛好跨越你的門檻。

接著，你再來就開設新店面的選項做思考。開設新店面的前期成本包括5萬美元的烤箱費用，以及15萬美元的裝修支出。由於新店面是開在市區的不同區域，再加上一些不確定因素，所以營運狀況較難預測，不過你估計潛在的年獲利大約是5萬至7.5萬美元。你盤算了一下，你將投入20萬美元的前期成本，預計可獲得25%至37.5%的報酬。也就是說，即使是較差的情況，此方案的報酬也顯然高於把店面拓展至隔壁的選項；不過，在決定要執行哪個方案之前，你先問了自己一些重要的關鍵性問題：

- 新店面開設在市區的其他區域，銷售情況可能會與你預期的不同，你對自己的估算有多少把握？
- 較高的營收足以彌補這些額外的不確定性嗎？
- 開設新店面需要投入的資金是擴大店面空間的兩倍，你能夠籌措到開設新店面需要多投入的 10 萬美元嗎？如果可以，需付出什麼代價？
- 相反地，開設新店面有沒有潛在的好處？舉例來說，開設新店面有沒有分散風險的效果，讓你即使在現有店面營收下滑的情況下，仍能獲得一定的保障？
- 開設第二家店能不能拓展你的視野，為未來建構更大的事業奠定基礎？

這些都是經理人和企業家每天必須思考的問題與決策，無論公司大小都一樣（只不過大公司經常聘請顧問和投資銀行家幫忙解決這些問題），而這種講究方法、以分析為導向的思考過程，是麵包店老闆與《財星》五百大企業執行長制定有效決策不可或缺的要素。

這種非典型經營者所運用的方式不論是運用在本地企業或大公司，似乎都沒有那麼複雜，然而大部分的人卻都不遵循此方

法,為什麼呢?因為此方法做起來並不像看起來那麼簡單。不管是採用不同於同業的方法,或是不去理會同業性的強制力,都是不容易辦到的事,而且在許多方面,企業界就像是一間籠罩著同儕壓力的高中自助餐廳。尤其是在出現危機的時候,我們的本能反應就是加入行為學家所謂「社會認同」的行列,跟著同儕做同樣的事。在充斥著社交媒體、即時通訊與嘈雜的電視節目的今日,我們愈來愈難忽略雜音,退後一步,運用康納曼的第二套系統——這就是以下這個最近常被報導的工具可以派上用場的地方。

檢查表

檢查表經過證實,是航空、醫藥、建築等不同領域極有效的決定制定工具。這些看似沒什麼的檢查表其實具有強大的效力,而多虧阿圖・葛文德寫了《檢查表:不犯錯的祕密武器》(*The Checklist Manifesto*)這本書,使得這些工具的運用成了當今熱門的話題。檢查表是一種特別有效的「選擇架構」表,有助於理性分析,排除經常阻撓我們做出複雜決定的干擾。檢查表能夠有系統地促使我們融入情境裡[1],而對於執行長來說,檢查表是極有

效的預防針，可以隔絕傳統智慧與同業性強制力的干擾。

葛文德建議我們最好把檢查項目控制在十項以內，接下來，我們將以一份檢查表來作為例子，這份檢查表是汲取自這些非典型執行長的經驗，有助於制定有效的資源配置決定（也可望避免制定損害公司價值的決定）。

那麼，以下就來一一介紹這些檢查表項目：

☐ 資本配置過程應由執行長指揮，而不是授權給財務或業務開發人員。
☐ 先決定報酬門檻，亦即可接受的投資方案最低報酬率（這是執行長制定的決策中，相當重要的一個）。

說明：決定報酬門檻時，應參考公司所有的機會，而且大致而言，報酬門檻應超過權益和債務資本的合計成本（通常為15%以上）

☐ 計算所有內外部投資選項的報酬，並依報酬與風險排列優先順序（計算不一定要百分之百精準）。運用保守的假設。

說明：風險較高的方案（例如收購）應要求較高的報酬。要特別小心「策略性」這個形容詞，它往往等同於

低報酬。

□ 計算買回庫藏股的報酬。收購的報酬一定得大幅超越預設的報酬基準。

說明： 庫藏股買回雖是這些非典型執行長用以創造價值的重要手段，但並非是萬無一失的策略，若以過高的價格買回，反而會損害價值。

□ 把重心放在稅後報酬，所有的交易都經由稅務律師確認。

□ 決定好可接受、保守的現金與負債水準，並且公司在此水準內營運無虞。

□ 將分權的組織模式納入考量。（總部人員與員工總數的比例應為多少？相較於同業，此比例是大是小？）

□ 唯有在有信心能用保留下來的資金產出高於報酬門檻的報酬時，才把資金留在企業內。

□ 如果沒有潛在的高報酬投資方案，可考慮支付股利；不過需要特別留意的是，股利的決策可能很難說變就變，而且股利可能不符合稅務效率。

□ 在價格極高之時，可以考慮出售事業或股票。如果事業單位績效欠佳，再也無法產出可接受的報酬，則可將此事業單位關閉。

無論你是在回顧過去或是在展望未來，非典型經營者的資本配置方法都能提供指引，帶領你探索無法預期且無準則的商業世界，此方法已在各種產業和市場狀況下獲得卓越的成果。這份檢查表是一個可以幫助所有企業的工具，從鄰近街坊的麵包店，乃至於跨國企業，都能運用這個經證實有效的方法，並張開雙臂，以全新的觀點，擁抱商業世界固有的不確定性。

附錄
巴菲特測試

　　華倫・巴菲特曾針對資本配置能力提出一個簡單的測試,此測試是要檢視一位執行長在其任內有沒有充分利用保留盈餘,以1美元的保留盈餘創造出至少1美元的價值。巴菲特的指標以單一數字呈現了一位執行長在整個職涯過程中的優劣決策。只不過這個看似簡單的測試其實相當嚴苛,而不令人意外的,這些非典型的執行長都高分通過了這項測試,如表A-1所示。

表 A-1 非典型的執行長及巴菲特測試

波克夏	大眾戲院/哈考特大眾*	泰勒達因	首都城市廣播/ABC	華盛頓郵報	TCI**	普瑞納	通用動力
鎖定期間起始日期	1965年6月30日	1966年1月31日	1963年5月31日	1966年9月30日	1971年6月30日	1973年5月31日	1980年1月31日	1990年12月31日
鎖定期間結束日期	2010年9月30日	2001年7月31日	1990年6月30日	1995年12月31日	1993年12月31日	1999年3月31日	2001年12月31日	2007年12月31日
巴菲特測試起始	1965年	1962年	1966年	1971年	1973年	1981年	1990年
巴菲特測試結束年份	2007年	2000年	1989年	1994年	1993年	1997年	2000年	2007年
累計的「巴菲特比」	2.3倍	3.6倍	2.0倍	2.7倍	1.9倍	不適用	2.4倍	3.5倍

*1991年因收購哈考特大眾，使得大眾戲院的資料呈現極端振動，未選免資料遭扭曲，我們將資料加以調整。

**馬龍對TCI的管理方式亦刻意降低財報盈餘，因此不適用此指標。

注釋

前言

1. 波克夏公司 1987 年年報。
2. 出處同上。
3. 巴菲特,〈葛拉罕與陶德之村的超級投資者〉(The Superinvestors of Graham and Doddville),《愛馬仕雜誌》(Hermes Magazine),1984 年 4 月。

導論

1. 阿圖・葛文德,〈鐘形曲線〉(The Bell Curve),《紐約客》(The New Yorker),2004 年 12 月 6 日。另參見理查德・帕

斯卡爾（Richard Pascale）、傑瑞・史坦寧（Jerry Sternin）及莫尼克・史坦寧（Monique Sternin），《正向超越的力量：令人跌破眼鏡的創新者如何解決世界上最棘手的問題》（*The Power of Positive Deviance: How Unlikely Innovators Solve the World's Toughest Problems*）。

2. 羅伯特・弗拉哈迪（Robert J. Flaherty），〈不凡的亨利・辛格頓〉（The Singular Henry Singleton），《富比士》，1979年7月9日。

第 1 章

1. 查理・蒙格1983年1月1日的備忘錄。
2. 除另有註釋外，其他所有湯姆・墨菲的引述都是來自2005年3月23日的電訪，以及2005年7月25日的專訪。
3. 〈湯姆墨菲如何運用充裕的資金〉（*Tom Murphy's Pleasant Cash Problem*），《富比士》，1976年10月1日。
4. 作者2005年4月1日與丹伯克的訪談。
5. 作者2005年4月20日與戈登・克勞福的訪談。
6. 作者2005年3月23日與鮑勃・澤爾尼克的訪談。
7. 作者2005年4月1日與丹伯克的訪談。

8. 作者 2005 年 4 月 28 日與菲爾・布斯的訪談。

9. 作者 2005 年 4 月 1 日與丹伯克的訪談。

10. 〈湯姆墨菲如何運用充裕的資金〉,《富比士》,1976 年 10 月 1 日。

11. 作者 2005 年 4 月 28 日與大衛・瓦果的訪談。

12. 作者 2005 年 4 月 20 日與戈登・克勞福的訪談。

13. 作者 2005 年 4 月 1 日與菲爾・米克的訪談。

第 2 章

1. 作者 2004 年 4 月 20 日與傑克・漢米爾頓的訪談。

2. 作者 2004 年 4 月 15 日與亞瑟・洛克的訪談。

3. 作者 2004 年 9 月 10 日與查理・蒙格的訪談。

4. 同上。

5. 作者 2004 年 3 月 2 日與法耶茲・沙羅菲的訪談。

6. 作者 2004 年 2 月 23 日與比爾・拉特利奇的訪談。

7. 詹姆斯・洛斯考(James P. Roscow),〈泰勒達因的演變〉(The Many Lives of Teledyne),《金融世界》,1978 年 11 月 1 日。

8. 羅伯特・弗拉哈迪,〈不凡的亨利・辛格頓〉,《富比士》,1979 年 7 月 9 日。

9. 羅伯特・弗拉哈迪,〈獅身人面像開金口了〉(*The Sphinx Speaks*),《富比士》,1978 年 2 月 20 日。
10. 作者 2003 年 11 月 20 日與利昂・庫伯曼的訪談。

第 3 章

1. 作者 2008 年 4 月 5 日與威廉・安德斯的訪談。
2. 除另有注釋外,其他所有威廉・安德斯的引述都是來自 2008 年 4 月 15 日與 4 月 24 日的電訪。
3. 作者 2008 年 3 月 20 日與雷・劉易斯的訪談。
4. 作者 2008 年 3 月 7 日與彼得・艾瑟瑞堤斯的訪談。
5. 作者 2008 年 3 月 12 日與吉姆・梅勒的訪談。
6. 作者 2008 年 3 月 7 日與彼得・艾瑟瑞堤斯的訪談。
7. 作者 2008 年 3 月 12 日與吉姆・梅勒的訪談。
8. 作者 2008 年 4 月 2 日與尼可拉斯・查拉加的訪談。
9. 作者 2008 年 3 月 20 日與雷・劉易斯的訪談。
10. 作者 2008 年 4 月 2 日與尼可拉斯・查拉加的訪談。
11. 出處同上。
12. 作者 2008 年 3 月 20 日與雷・劉易斯的訪談。
13. 出處同上。

第 4 章

1. 除另有注釋外,其他所有約翰‧馬龍的引述都是來自 2007 年 4 月 30 日的面訪。
2. 作者 2007 年 4 月 30 日與施帕克曼的訪談。
3. 大衛‧瓦果的 1981 年 TCI 分析報告。
4. 作者 2007 年 4 月 17 日與丹尼斯‧賴波威茲的訪談。
5. 作者 2007 年 4 月 26 日與瑞克‧賴斯的訪談。
6. 作者 2007 年 4 月 17 日與大衛‧瓦果的訪談。
7. 作者 2007 年 4 月 26 日與瑞克‧賴斯的訪談。
8. 大衛‧瓦果的 1980 年 TCI 分析報告。
9. 大衛‧瓦果的訪談 / 分析報告。
10. 作者 2007 年 4 月 17 日與丹尼斯‧賴波威茲的訪談。
11. 大衛‧瓦果的 1982 年 TCI 訪談 / 分析報告。
12. 作者 2007 年 4 月 17 日與丹尼斯‧賴波威茲的訪談。
13. 大衛‧瓦果的 1981 年、1982 年 TCI 分析報告。
14. 出處同上。
15. 作者 2007 年 4 月 17 日與大衛‧瓦果的訪談。

第 5 章

1. 作者 2009 年 4 月 2 日與艾倫・史普恩的訪談。
2. 作者 2009 年 4 月 30 日與湯姆・麥特的訪談。
3. 除另有注釋外,其他所有唐諾德・葛蘭姆的引述都是來自 2009 年 4 月 3 日在他辦公室進行的面訪。
4. 作者 2009 年 4 月 8 日與喬治・吉爾斯畢的訪談。
5. 作者 2009 年 3 月 30 日與羅斯・葛羅茲巴哈的訪談。
6. 作者 2009 年 4 月 8 日與喬治・吉爾斯畢的訪談。
7. 作者 2009 年 3 月 30 日與艾倫・史普恩的訪談。
8. 作者 2009 年 4 月 8 日與喬治・吉爾斯畢的訪談。
9. 作者 2009 年 4 月 3 日與班・布萊德利在他辦公室進行的訪談。

第 6 章

1. 譯註:1984 年 12 月 3 日,美國聯合碳化物旗下的聯合碳化物印度有限公司(UCIL)設於印度中央邦博帕爾市貧民區附近的農藥廠發生氰化物洩漏,造成數千人死亡。此事件是史上大規模嚴重工業災難之一。
2. 作者 2009 年 4 月 23 日與麥可・莫布新的訪談。

3. 作者 2009 年 4 月 23 日與麥可・莫布新的訪談。
4. 作者 2009 年 4 月 23 日與帕特・穆卡伊的訪談。
5. 除另有注釋外，其他所有比爾・史帝萊茲的引述都是來自 2009 年 4、5、6 月的多次電訪。
6. 作者 2009 年 4 月 23 日與帕特・穆卡伊的訪談。
7. 出處同上。
8. 作者 2009 年 2 月 24 日與麥可・莫布新的訪談。
9. 作者 2009 年 4 月 2 日與約翰・麥克米林的訪談。
10. 作者 2009 年 2 月 24 日與約翰・比爾巴斯的訪談。

第 7 章

1. 作者 2008 年 2 月 26 日與鮑勃・貝克的訪談。
2. 作者 2007 年 12 月 15 日與伍迪・艾夫斯的訪談。
3. 作者 2008 年 4 月 22 日與凱撒・斯韋策的訪談。
4. 出處同上。
5. 作者 2007 年 12 月 15 日與伍迪・艾夫斯的訪談。
6. 作者 2008 年 3 月 26 日與鮑勃・貝克的訪談。
7. 作者 2008 年 4 月 22 日與大衛・瓦果的訪談。
8. 除另有注釋外，其他所有迪克・史密斯的引述都是來自 2009

年 4 月 23 日在他麻薩諸塞州粟山區辦公室的面訪。

9. 作者 2007 年十 2 月 15 日與伍迪・艾夫斯的訪談。

10. 出處同上。

11. 作者 2007 年 12 月 15 日與伍迪・艾夫斯的訪談。

第 8 章

1. 作者 2006 年 2 月 24 日與查理・蒙格的訪談。

2. 波克夏 1977 年至 2011 年的年報。

3. 處同上。

4. 除另有注釋外，其他所有華倫・巴菲特的引述都是來自 2006 年 7 月 24 日的訪談。

5. 作者 2006 年 2 月 24 日與查理・蒙格的訪談。

6. 波克夏 1977 年至 2011 年的年報。

7. 〈世界投資巨星〉（The World's Top Investing Stars），《理財周刊》（Money Week），2006 年 7 月 6 日。

8. 波克夏 1977 年至 2011 年的年報。

9. 作者 2006 年 4 月 15 日與大衛・索科爾的訪談。

10. 波克夏年報的股東手冊。

11. 作者 2006 年 3 月 9 日與湯姆・墨菲的訪談。

12. 作者 2006 年 2 月 24 日與查理・蒙格的訪談。
13. 波克夏 1977 年至 2011 年的年報。

第 9 章

1. 作者 2004 年 4 月 8 日與喬治・羅勃茨的訪談。
2. 作者 2004 年 9 月 10 日與查理・蒙格的訪談。
3. 作者 2009 年 4 月 23 日與帕特・穆卡伊的訪談。
4. 安德魯・巴瑞（Andrew Barry），〈不折不扣的噴油井〉（What a Gusher），《巴倫周刊》，2009 年 11 月 16 日。
5. 中本美代智（Michiyo Nakamoto）與大衛・懷頓（David Wighton），〈花旗集團總裁樂觀看待收購熱潮〉（Citigroup Chief Stays Bullish on Buy-Outs），《金融時報》，2007 年 7 月 9 日。

後記

1. 參考《快思慢想》提到的「第二套系統」。

The Outsiders
Eight Unconventional CEOs and Their Radically Rational Blueprint for Success

為投資人賺錢的 CEO 長怎樣？

作　　者	威廉・索恩戴克（William N. Thorndike, Jr.）	
譯　　者	嚴慧珍	
編　　輯	鍾顏聿	
視　　覺	白日設計、薛美惠	
副 總 編	鍾顏聿	
主　　編	賀鈺婷	
行　　銷	黃湛馨	
印　　刷	呈靖彩藝有限公司	
法律顧問	華洋法律事務所 蘇文生律師	
ISBN	978-626-7523-57-5（平裝）	
	978-626-7523-56-8（EPUB）	
	978-626-7523-55-1（PDF）	
定　　價	450 元	
初版一刷	2025 年 8 月	

出　　版　感電出版
發　　行　遠足文化事業股份有限公司
　　　　　（讀書共和國出版集團）
地　　址　23141 新北市新店區民權路 108-2 號 9 樓
電　　話　0800-221-029
傳　　真　02-8667-1851
電　　郵　info@sparkpresstw.com

ALL RIGHTS RESERVED Original work copyright © 2012 William N. Thorndike, Jr. Published by arrangement with Harvard Business Review Press Unauthorized duplication or distribution of this work constitutes copyright infringement.
Complex Chinese Language Translation copyright © 2025 by SparkPress, a Division of Walkers Cultural Enterprise Ltd. Through Bardon-Chinese Media Agency
博達著作權代理有限公司

如發現缺頁、破損或裝訂錯誤，請寄回更換。
團體訂購享優惠，詳洽業務部：(02)22181417 分機 1124
本書言論為作者所負責，並非代表本公司／集團立場。

國家圖書館出版品預行編目（CIP）資料

為投資人賺錢的 CEO 長怎樣？/ 威廉・索恩戴克（William N. Thorndike, Jr.）作；嚴慧珍譯. -- 新北市：感電出版：遠足文化事業股份有限公司發行, 2025.08
400 面； 14.8×21 公分
譯自：The outsiders : eight unconventional CEOs and their radically rational blueprint for success.
ISBN 978-626-7523-57-5（平裝）

1.CST: 企業管理者 2.CST: 企業經營 3.CST: 世界傳記　　　490.99　　114008017